技工院校"十四五"规划计算机广告制作专业系列教材
中等职业技术学校"十四五"规划艺术设计专业系列教材

书籍装帧设计

陈媛　王婧　谭桑　何旭　主编

刘艺　副主编

U0172367

华中科技大学出版社
http://www.hustp.com
中国·武汉

内容提要

　　本书依据企业对人才的需求，结合职业教育的教学理念，在编写体例上与技工院校倡导的教学设计项目化、任务化，课程设计教学一体化，工作任务典型化，知识和技能要求具体化等要求紧密结合。本书项目一系统地介绍了书籍装帧设计的基本概念和发展史，项目二讲解了书籍的形态与结构设计，项目三讲解了书籍的版式设计，项目四讲解了书籍的插图设计，项目五介绍了印刷工艺及纸张承印物，项目六通过赏析优秀书籍装帧设计作品提高学生的鉴赏能力。

图书在版编目（CIP）数据

书籍装帧设计 / 陈媛等主编 . — 武汉：华中科技大学出版社，2022.1（2024.8重印）
ISBN 978-7-5680-7877-1
Ⅰ . ①书… Ⅱ . ①陈… Ⅲ . ①书籍装帧 – 设计 – 教材 Ⅳ . ① TS881
中国版本图书馆 CIP 数据核字 (2021) 第 280312 号

书籍装帧设计

Shuji Zhuangzhen Sheji

陈媛　王婧　谭桑　何旭　主编

策划编辑：金　紫
责任编辑：陈　忠
装帧设计：金　金
责任监印：朱　玢
出版发行：华中科技大学出版社（中国•武汉）　　　　电　　话：（027）81321913
　　　　　武汉市东湖新技术开发区华工科技园　　　　邮　　编：430223
录　　排：天津清格印象文化传播有限公司
印　　刷：湖北新华印务有限公司
开　　本：889mm×1194mm　1/16
印　　张：8.5
字　　数：282 千字
版　　次：2024 年 8 月第 1 版第 2 次印刷
定　　价：49.80 元

技工院校"十四五"规划计算机广告制作专业系列教材
中等职业技术学校"十四五"规划艺术设计专业系列教材
编写委员会名单

● 编写委员会主任委员

文健（广州城建职业学院科研副院长）　　　　宋雄（广州市工贸技师学院文化创意产业系副主任）

叶晓燕（广东省交通城建技师学院艺术设计系主任）　　张倩梅（广东省交通城建技师学院艺术设计系副主任）

周红霞（广州市工贸技师学院文化创意产业系主任）　　吴锐（广州市工贸技师学院文化创意产业系广告设计教研组组长）

黄计惠（广东省轻工业技师学院工业设计系教学科长）　　汪志科（佛山市拓维室内设计有限公司总经理）

罗菊平（佛山市技师学院应用设计系副主任）　　林姿含（广东省服装设计师协会副会长）

● 编委会委员

陈杰明、梁艳丹、苏惠慈、单芷颖、曾铮、陈志敏、吴晓鸿、吴佳鸿、吴锐、尹志芳、陈思彤、曾洁、刘毅艳、杨力、曹雪、高月斌、陈矗、高飞、苏俊毅、何淦、欧阳敏琪、张琮、冯玉梅、黄燕瑜、范婕、杜聪聪、刘新文、陈斯梅、邓卉、卢绍魁、吴婧琳、钟锡玲、许丽娜、黄华兰、刘筠烨、李志英、许小欣、吴念姿、陈杨、曾琦、陈珊、陈燕燕、陈媛、杜振嘉、梁露茜、何莲娣、李谋超、刘国孟、刘芊宇、罗泽波、苏捷、谭桑、徐红英、阳彤、杨殿、余晓敏、刁楚舒、鲁敬平、汤虹蓉、杨嘉慧、李鹏飞、邱悦、冀俊杰、苏学涛、陈志宏、杜丽娟、阳丽艳、黄家岭、冯志瑜、丛章永、张婷、劳小芙、邓梓艺、龚芷玥、林国慧、潘启丽、李丽雯、赵奕民、吴勇、刘殷君、陈玥冰、赖正媛、王鸿书、朱妮迈、谢奇肯、杨晓玲、吴滨、胡文凯、刘灵波、廖莉雅、李佑广、曹青华、陈翠筠、陈细佳、代蕙宁、古燕苹、胡年金、荆杰、李津真、梁泉、吴建敏、徐芳、张秀婷、周琼玉、张晶晶、李春梅、高慧兰、陈婕、蔡文静、付盼盼、谭珈奇、熊洁、陈思敏、陈翠锦、李桂芳、石秀萍、周敏慧、邓兴兴、王云、彭伟柱、马殷睿、汪恭海、李竞昌、罗嘉劲、姚峰、余燕妮、何蔚琪、郭咏、马晓辉、关仕杰、杜清华、祁飞鹤、赵健、潘泳贤、林卓妍、李玲、赖柳燕、杨俊龙、朱江、刘珊、吕春兰、张焱、甘明坤、简为轩、陈智盖、陈佳宜、陈义春、孔百花、何旭、刘智志、孙广平、王婧、姚歆明、沈丽莉、施晓凤、王欣苗、陈洁冬、黄爱莲、郑雁、罗丽芬、孙铁汉、郭鑫、钟春琛、周雅靓、谢元芝、羊晓慧、邓雅升、阮燕妹、皮添翼、麦健民、姜兵、童莹、黄汝杰、薛晓旭、陈聪、邝耀明

● 总主编

文健，教授，高级工艺美术师，国家一级建筑装饰设计师。全国优秀教师，2008年、2009年和2010年连续三年获评广东省技术能手。2015年被广东省人力资源和社会保障厅认定为首批广东省室内设计技能大师，2019年被广东省教育厅认定为建筑装饰设计技能大师。中山大学客座教授，华南理工大学客座教授，广州大学建筑设计研究院室内设计研究中心客座教授。出版艺术设计类专业教材120种，拥有具有自主知识产权的专利技术130项。主持省级品牌专业建设、省级实训基地建设、省级教学团队建设3项。主持100余项室内设计项目的设计、预算和施工，项目涉及高端住宅空间、办公空间、餐饮空间、酒店、娱乐会所、教育培训机构等，获得国家级和省级室内设计一等奖5项。

河源技师学院

● 合作编写单位

（1）合作编写院校

广州市工贸技师学院	广州市蓝天高级技工学校
佛山市技师学院	茂名市交通高级技工学校
广东省交通城建技师学院	广州城建技工学校
广东省轻工业技师学院	清远市技师学院
广州市轻工技师学院	梅州市技师学院
广州白云工商技师学院	茂名市高级技工学校
广州市公用事业技师学院	汕头技师学院
山东技师学院	广东省电子信息高级技工学校
江苏省常州技师学院	东莞实验技工学校
广东省技师学院	珠海市技师学院
台山敬修职业技术学校	广东省机械技师学院
广东省国防科技技师学院	广东省工商高级技工学校
广州华立学院	深圳市携创高级技工学校
广东省华立技师学院	广东江南理工高级技工学校
广东花城工商高级技工学校	广东羊城技工学校
广东岭南现代技师学院	广州市从化区高级技工学校
广东省岭南工商第一技师学院	肇庆市商业技工学校
阳江市第一职业技术学校	广州造船厂技工学校
阳江技师学院	海南省技师学院
广东省粤东技师学院	贵州省电子信息技师学院
惠州市技师学院	广东省民政职业技术学校
中山市技师学院	广州市交通技师学院
东莞市技师学院	广东机电职业技术学院
江门市新会技师学院	中山市工贸技工学校
台山市技工学校	河源职业技术学院
肇庆市技师学院	
河源技师学院	

（2）合作编写组织

广州市赢彩彩印有限公司

广州市壹管念广告有限公司

广州市璐鸣展览策划有限责任公司

广州波错展览设计有限公司

广州市风雅颂广告有限公司

广州质本建筑工程有限公司

广东艺博教育现代化研究院

广州正雅装饰设计有限公司

广州唐寅装饰设计工程有限公司

广东建安居集团有限公司

广东岸芷汀兰装饰工程有限公司

广州市金洋广告有限公司

深圳市千千广告有限公司

广东飞墨文化传播有限公司

北京迪生数字娱乐科技股份有限公司

广州易动文化传播有限公司

广州市云图动漫设计有限公司

广东原创动力文化传播有限公司

菲逊服装技术研究院

广州珈钰服装设计有限公司

佛山市印艺广告有限公司

广州道恩广告摄影有限公司

佛山市正和凯歌品牌设计有限公司

广州泽西摄影有限公司

Master 广州市熳大师艺术摄影有限公司

序 言

　　技工教育和中职中专教育是中国职业技术教育的重要组成部分，主要承担培养高技能产业工人和技术工人的任务。随着"中国制造 2025"战略的逐步实施，建设一支高素质的技能人才队伍是实现规划目标的必备条件。如今，国家对职业教育越来越重视，技工和中职中专院校的办学水平已经得到很大的提高，进一步提高技工和中职中专院校的教育、教学和实训水平，提升学生的职业技能，弘扬和培育工匠精神，已成为技工院校和中职中专院校的共同目标。而高水平专业教材建设无疑是技工院校和中职中专院校教育特色发展的重要抓手。

　　本套规划教材以国家职业标准为依据，以综合职业能力培养为目标，以典型工作任务为载体，以学生为中心，根据典型工作任务和工作过程设计教学项目和学习任务。同时，按照工作过程和学生自主学习的要求进行内容设计，实现理论教学与实践教学合一、能力培养与工作岗位对接合一、实习实训与顶岗工作合一。

　　本套规划教材的特色在于，在编写体例上与技工院校倡导的"教学设计项目化、任务化，课程设计教、学、做一体化，工作任务典型化，知识和技能要求具体化"紧密结合，体现任务引领实践的课程设计思想，以典型工作任务和职业活动为主线设计教材结构，以职业能力培养为核心，将理论教学与技能操作相融合作为课程设计的抓手。本套规划教材在理论讲解环节做到简洁实用，深入浅出；在实践操作训练环节体现以学生为主体的特点，创设工作情境，强化教学互动，让实训的方式、方法和步骤清晰，可操作性强，并能激发学生的学习兴趣，促进学生主动学习。

　　本套规划教材由全国 40 余所技工院校和中职中专院校广告设计专业共 60 余名一线骨干教师与 20 余家广告设计公司一线广告设计师联合编写。校企双方的编写团队紧密合作，取长补短，建言献策，让本套规划教材更加贴近专业岗位的技能需求，也让本套规划教材的质量得到了充分的保证。衷心希望本套规划教材能够为我国职业教育的改革与发展贡献力量。

技工院校"十四五"规划计算机广告制作专业系列教材

中等职业技术学校"十四五"规划艺术设计专业系列教材

总主编

教授 / 高级技师 文健

2021 年 5 月

前 言

　　书籍是人类表达思想、传播知识、积累文化和传承文明的物质载体。人类文明的发展与书籍息息相关。作为人类文明的象征，千百年来，书籍一直以文字、图形等视觉符号忠实记录着人类社会的发展历程，在人类文明史上作出了不可替代的贡献。纸张的发明以及印刷术的发展使得书籍通过印刷得以传播，从此书籍不再只是特权阶级的专属，广大民众也可以通过书籍了解信息。因此，书籍不仅是人类社会实践的产物，同时也是一种特定的不断发展着的知识传播工具。伴随着材料、科技的不断进步与发展，书籍的载体已经由传统的纸张扩充到布、竹片、塑料、皮革等非纸类材料，印刷工艺不断创新，出现了油印、石印、影印、铅印、静电复印以及胶版彩印，因而也出现了形形色色的书籍。随着书籍装帧设计领域的不断延伸，书籍的形式也在不断演化，但始终是围绕着阅读、感知、美感、便利等原则进行设计。书籍装帧设计是通过特有的形式、图像、文字、色彩向读者传递书籍的知识和信息的设计学科，也是广告设计专业和视觉传达设计专业的一门必修课程。

　　本书依据企业对人才的岗位需求，结合职业教育的教学理念进行编写。在编写体例上与技工院校倡导的教学设计项目化、任务化，课程设计教学一体化，工作任务典型化，知识和技能要求具体化等紧密结合。任务内容清晰明了，文字描述通俗易懂，图文并茂。针对技工院校学生特点编制的范例和任务形式，让学生更容易学习和进行实训。本书系统地介绍了书籍装帧设计的基本概念、发展史、版式设计、插图设计、印刷工艺、纸张承印物等知识，并通过讲解书籍装帧设计流程和具体操作步骤，提高学生的创作和实践能力。本书通过重点培养学生的创新精神，以及独立思考、独立制作的能力，做到了理实一体，达到了教材引领教学和指导教学的目的。

　　本书共有六个项目，由广东省轻工业技师学院的陈媛老师、江苏省常州技师学院的王婧老师、广东省轻工业技师学院的谭桑老师、江苏省常州技师学院的何旭老师，以及广州市公用事业技师学院的刘艺老师共同编写。由于编者教学经验及专业能力有限，本书可能存在一些不足之处，敬请读者批评指正。

陈 媛

2021 年 10 月

课时安排（建议课时 80）

项目	课程内容		课时	
项目一 书籍装帧设计概述	学习任务一	书籍装帧设计的基本概念	4	8
	学习任务二	书籍装帧设计的发展史	4	
项目二 书籍的形态与 结构设计	学习任务一	书籍的基本形态	4	16
	学习任务二	书籍开本设计	4	
	学习任务三	书籍的结构要素	8	
项目三 书籍的版式设计	学习任务一	文字的编排设计与技能实训	8	24
	学习任务二	版面设计与技能实训	8	
	学习任务三	网格设计与技能实训	8	
项目四 书籍的插图设计	学习任务一	书籍插图的概述	4	12
	学习任务二	书籍插图设计案例分析	8	
项目五 印刷工艺及 纸张承印物	学习任务一	印刷方式	4	12
	学习任务二	印后工艺	4	
	学习任务三	纸张承印物	4	
项目六 优秀书籍装帧设计 案例赏析	优秀书籍装帧设计案例赏析		8	8

目 录

项目一
书籍装帧设计概述

学习任务

一

书籍装帧设计的基本概念

教学目标

（1）专业能力：能够认识和理解书籍装帧设计的基本概念和设计原则。

（2）社会能力：能通过课堂师生问答、小组讨论，提升学生的表达与交流能力。

（3）方法能力：能通过赏析优秀书籍装帧设计作品，提升对书籍装帧设计作品的观察、记忆、思维及想象能力。

学习目标

（1）知识目标：通过学习，能够理解和掌握书籍装帧设计的概念和范畴。

（2）技能目标：能够理解和应用书籍装帧设计的设计原则。

（3）素质目标：通过对书籍装帧设计概念的学习，以及设计作品的赏析，开阔学生的视野，扩大学生的认知领域，提高学生的审美素养和审美能力。

教学建议

1. 教师活动

教师讲授书籍装帧设计知识点和赏析代表性作品，引导课堂师生问答，互动分析知识点，引导课堂小组讨论。

2. 学生活动

认真听课，积极思考问题，与教师良性互动，交流对书籍装帧设计作品的理解，积极进行小组间的交流和讨论。

一、学习问题导入

书籍不是一种静止的装饰物，而是一种能够注入时间概念的产品。读者在翻阅一本纸质书籍的过程中，可以与书籍所传达的文字、图片进行心灵的沟通，陶冶情操。书籍装帧设计与纯艺术创作不同，设计者需要在书籍内容和读者之间架起一座可以顺畅沟通的"桥梁"，调动读者的阅读兴趣，并将书籍信息准确而富有感情地传达给读者。

二、学习任务讲解

1. 书籍装帧的基本概念

在我国古代，人们曾对书下过不同的定义。在《说文解字•序》中，从图书形式上出发，认为"著于竹帛谓之书"。在《尚书•序疏》中，从图书的内容出发，认为"百氏六家，总曰书也"。上述这些定义都是时代的产物，是就当时的实际情况而言的，不可能对书籍以后的发展作全面的概括。但上述定义已经较为准确地揭示了当时书籍的内容和形式特征，并且把"书"看作一种特指概念，将书与原始的文字记录区别开来。

现代社会人们对书籍已经十分熟悉，对书籍的定义也日趋完善。1964 年，联合国教科文组织对图书的定义是：凡是由出版社出版的不包括封面和封底在内，四十九页以上的印刷品，具有特定的书名和著者名，编有国际标准书号，有定价并取得版权保护的出版物称为书籍。1979 年版《辞海》的解释是：装订成册的著作即为书籍。事实上，经过了长达数千年的演变，从书籍的最初萌芽到发展、成熟乃至全盛阶段，书籍的内容范围不断扩大，记述和表达的方法日益增多，使用的物质载体和生产制作的方法也发生了多次的变化，特别是在当前印刷媒体与数字交互使用的时代，书籍承载的信息、书籍的载体材料，甚至书籍本身的形态都在不断地演变。这些促使人们对图书有了较系统且明确的概念，因此，我们将书籍的概念准确地界定为：书籍是以承载信息、传播知识为目的，用文字或其他信息符号记录于一定形式的材料之上并集结成卷册的著作物。

日本著名书籍设计家杉浦康平曾经这样评价书籍："书籍，不仅仅是容纳文字、承载信息的工具，更是一件极具吸引力的物品，它是我们每个人生命的一部分。每每翻阅书籍，总会感到无比的惬意，这是因为我们会用心去感受它内容的分量，欣赏它设计的美感，有时连翻书页的过程也觉得是一种享受。"书籍作为一种信息载体，跨越了时间以及地域的限制，超越了民族的隔阂，将知识和文化有效地积累、保存下来，并且传播到世界各地。

伴随着材料、科技的不断进步与发展，书籍的载体已经由传统的纸张扩充到布、竹片、塑料、皮革等非纸类材料，印刷工艺不断创新，出现了油印、石印、影印、铅印、静电复印以及胶版彩印，由此产生了形形色色的书籍。随着设计领域的不断延伸，书籍的形式也在不断演化，出现了许多奇妙的书，但始终遵循着阅读、感知、美感、便利等原则。进入 21 世纪，书籍电子化的脚步加快，海量的信息容纳空间，轻薄、便携的阅读终端等一系列新技术、新设备的涌现，预示着全新的阅读时代已经来临。书籍的材料及形态发生着巨大的改变，纸质书籍日益受到电子书的挑战，但相比电子书，纸质书籍能让读者对全书有更全面的把握。最重要的是，纸质书籍带给人们的亲和感和触觉上的体验是显示屏无法提供的。纸质书籍的可触性填补了信息传播以外的情感上的缺口，也是书籍内涵的延伸。一个愉悦的阅读过程，绝不仅仅是大量信息的填充，更是读者与书籍之间的情感互动。好的书籍应该是体贴的，能配合书的内容、气质和内涵，于细节处流露出对读者的关怀。因此，在当前以及未来相当长的一段时间内，以纸张为基本材料，以印刷技术为实现手段的书籍仍会占据主导地位。

自人类文明诞生开始，书籍就以其信息承载量大成为人们表达思想、纾解情怀的载体，是人类交流思想的完美产物，也是传播知识、积淀文化的工具，依靠其独有的艺术魅力成为我们生活中不可或缺的一部分。书籍装帧艺术随着书籍的诞生而产生，以其独特的审美价值随着时代的进步而不断发展。装帧是书籍的一部分，是书籍的脸面，是浓缩书籍的精华内容并直观表现于形式之上的设计产品。

"书籍装帧"一词最早是从《韦氏大词典》中的"book binding"翻译过来的。"binding"有多层意思，有捆绑和黏合之意，也指的装订、装帧。随着时代的进步与社会的发展，"装帧"一词越来越得到社会和出版界的认可，人们对现代书籍装帧概念的理解不再是狭隘的封面设计和单纯的书籍制作，重新把书籍装帧认识为一种由内至外的书籍整体构想与制作行为，因此"书籍装帧"成为专指书籍美术设计的学术名词。

现代书籍装帧设计是一门艺术，是通过特有的形式、图像、文字、色彩向读者传递书籍的知识信息的设计学科。随着书籍装帧观念的不断发展，现代书籍装帧设计的范围也在逐渐扩大，既包括对未来书籍形态的探索，也包括对现代书籍工艺的创新，并且更加具体，不仅涵盖了最初的书籍形态的策划，还包括开本的选择、封面和扉页的设计、正文的版式编排和插图设计，以及后期的印刷和装订等。同时，数字信息和广告等新型媒体的刺激不断加强，如今的书籍装帧设计达到了一个相对繁荣的时期。现代书籍装帧设计大胆地更新以往的表现形式、制作工艺和使用材料，大大促进了书籍材料、书籍印刷、书籍装订工艺的发展，更触动了书籍装帧设计文化底蕴的表现。

现代书籍装帧设计不是单一的，而是朝多元化发展。现代书籍装帧设计不仅要升华其外在形式，也要注重体现内在的气韵和文化内涵。中国现代著名书籍设计家吕敬人先生曾经通过几十年的书籍装帧设计实践，突破了传统狭隘的二维装帧概念，将构造学引入书籍装帧设计之中。他认为：书籍设计是一种立体的思考行为，是注入时间概念的塑造三维空间的"书籍建筑"，是营造外在书籍造型的物性构想和书籍内在信息传递的理性思考的综合学问，其目的不仅仅是要创造一本书籍的形态，还要通过设计让读者在参与阅读的过程中与书产生互动，从书中得到整体感受和启迪。所以，在将书籍的信息转化为二维或三维（虚拟）视觉形象时，装帧不仅要赋予字体、图形、色彩等新的视觉元素，还要赋予书籍更深层次的文化内涵，使现代的书籍装帧不仅在外在形式上不断发展更新，内在的气韵与文化底蕴也逐渐延展与深化。

设计界对于"装帧"的实质已经取得共识，"装帧"不是单一技术性操作的装订，而是全方位的从内文到外观、从信息传递到形态塑造的一系列设计活动，是把书籍思想内涵与特征以装帧的形式创造出整体的视觉形象，这要求设计者适应新的变化，既要有大胆创新意识，又要有深厚的文化内涵，要注重书籍的内在精神和外在形态、文字与图像、设计工艺与流程等一系列系统化的问题。同时，也要求设计者必须根据社会审美意识和视觉心理、市场需求，具有现代设计意识，在设计手段上进行创新，利用计算机、光盘图库，运用不同制版印刷工艺、各种纸张材料、不同设计造型手法去表现新视觉空间，并掌握市场经济运筹规律，赋予创新意味，与时俱进，在书籍装帧设计中弘扬民族文化，使之更加具有书卷气；实现书籍装帧设计的外在美观以及内在功能的和谐统一，使之更有品位。展望未来，中国的书籍装帧设计正朝着一个可持续的方向发展。

2. 书籍装帧设计的原则

（1）书籍装帧设计功能性和艺术性的统一。

在书籍装帧设计中，功能性与艺术性是对立统一的关系。书籍装帧的艺术性要通过装帧特有的艺术手段为书籍的内容服务。没有书籍的存在，也就没有书籍装帧艺术，这决定了书籍装帧艺术具有鲜明的功能性特征。书籍装帧的艺术性与功能性的结合也是审美功能与使用功能的结合。任何脱离功能性的艺术表现都是盲目的，但是只注重功能性却没有艺术性的设计，也会使书籍装帧丧失设计美感和魅力。

（2）书籍装帧设计形式与内容的统一。

在书籍装帧设计中，书籍的内容决定了其装帧形式和装帧的表现手段，装帧设计必须反映和揭示该书的内容或属性。如果书籍的封面设计与书籍的内容不相关，或者说它的表现形式与书籍的内容不相符，那么就会给读者造成误解或产生歧义，书籍的内容就无法正确传达。

（3）书籍装帧设计局部与整体的统一。

书籍装帧设计应该是局部服从整体、形式服从内容，这是处理每一个局部时都要遵循的原则。每一个局部设计都要围绕着一个主题展开，各个局部之间在整体的限制下要相互协调，例如图形和图案与文字设计的协调、色彩与造型的协调、表现形式与使用材料的协调等。

3. 书籍装帧设计形式与内容的关系

书籍装帧设计通俗地讲就是书籍的整体设计，通过书籍装帧设计的主体要素，用艺术的手法表现书籍的精神及作者的思想。这就需要设计者足够了解书籍装帧的主体要素。书籍装帧主体要素设计包括装订设计、材料运用等。

（1）书籍装帧设计的装订设计。

将印刷好的书页、书帖加工装订成册统称为装订。书籍的装订包括订和装两道工序。订是对书芯的加工，装是对书籍封面的加工。随着社会的发展，人们对书籍的装订要求也越来越高，开始倾向于多元化和多样化。为方便阅读，装订设计用得最多的当属平装与精装。平装包含了骑马订、平订、锁线订、胶黏订、活页装订、塑料线烫订等。很多少儿读物、教科书、生活类书籍，因其发行量较大，一般会选择平装。其装订方式简便，价格较为低廉，便于流通。精装成本高于平装，采用硬质或半硬质的材料，其外观更为精美，收藏价值更高，在形式上有圆背精装、方背精装、软面精装等。一些经典名著、工具书、中高档画册等类型的书籍，因为其内

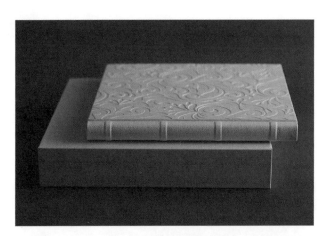
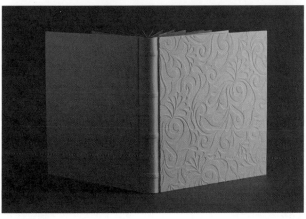
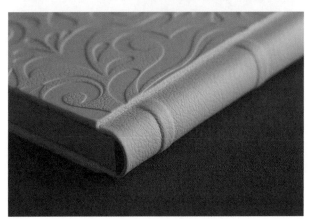

图1-1　精装书

容较多、要求质量较高，又需要反复阅读，所以较多采用精装设计，如图1-1所示。

　　近年来，书籍装帧设计的大赛也举不胜举，其中有两个较有分量的比赛：中国最美的书、世界最美的书。从大量的获奖作品可以看出，评判标准在不断变化。精致与华贵不再是"最美"的唯一标准，设计不再是独立存在的，最美的书越来越回归到"书"这一本质。只有形式与内容相结合，互相烘托彼此，才是最美的书。

　　如图1-2所示为获奖作品《订单：方圆故事》，该书讲述的是一个家族书店的发展史，折射了美术出版界乃至整个书业由盛而衰、苦苦坚守的历程。这本书在世界最美的书比赛中脱颖而出，不仅仅是因为其封面设计，更因为它采用了古典线装的装帧形式，手工装订、手工打包，通过这种形式让读者联想到一家小书店老板一板一眼认真打包的情形。这本书传递了快要消失的中国传统手工艺迷人的魅力，也传承了传统的中国古代书籍装帧艺术。

　　如图1-3所示，吕敬人的《中国记忆》也曾获得"世界最美的书"的殊荣，书籍内容完美体现了中国上下五千年的文化精粹，并收集了大量精美的图片。从外观上看，上下展开的精美函套，不论是盘扣还是中国结的吊坠，无一不展示着中国文化的独到。再看书脊的装订，采用红色的双回形纹线装，既传承了传统的线装形式，又将传统的纹样进行改良，产生新的装订样式。装帧形式不再是简单的传统复刻，而是打破重构，将传统无形地融入现代艺术当中，符合主题的同

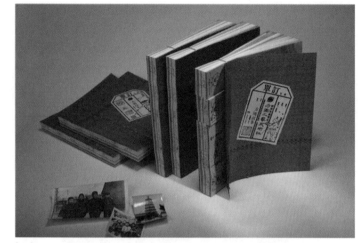

图1-2　《订单：方圆故事》书籍装帧设计

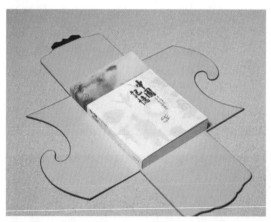

图1-3　吕敬人《中国记忆》书籍装帧设计

时，又能打动读者的心。

　　还有一些比较考究的书籍装帧，在装订设计上采用一些较为特殊的材质或者异形的设计样式，除了制作精美之外，更重要的是通过这样的装订设计能让读者在阅读时展开更多的联想空间，如图1-4所示。

　　书籍的装帧形式经历了一个由单一到多

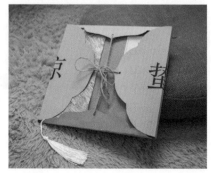

图1-4　特殊装订设计的书籍

样、由低级到高级的演变过程。这些不同的装帧形式无一不体现着人类对知识文化的传承，以及无穷的创造、开发的智慧。不同的设计要用恰当的装订方式来实现，选对了装订方式，书才是书，才能更加多元化地体现书籍的内容，展现其独特性与趣味性。

（2）书籍装帧设计的材料运用。

书籍装帧设计的材料最常用的是纸张，包括硫酸纸、合成纸、压纹纸与蒙肯纸。封面设计常用的材料还有丝织品、人造革、皮革、木材与特种纸等。丝织品包括棉、麻、人造纤维等稠密的材质，也有天鹅绒、涤纶等光滑的材质。书籍封面设计要根据书籍的具体内容和功能选用不同的书籍材料，比如紧实的纺织类材料常用在经常翻阅的书籍上，而光滑的丝织品则常用于细腻风格的书籍。一些精装书会采用木质材料，它能给读者带来厚实的质感，并且带有木质独特的纹理和质感。例如吕敬人先生的《朱熹千字文》采用木质材料制作书籍封面，让中国上下五千年的文化积淀通过木材的气质感来传达，突出了书籍的原始美和自然美，如图1-5所示。

图1-5 《朱熹千字文》书籍装帧设计

4. 书籍装帧设计的形式与内容的设计

书籍装帧设计在思想内容、文字插图、标点行格、排版样式、封面装帧等方面都应配合得匀称、恰当，展现书籍风格的独特性。书籍装帧艺术设计从版面的设计、材料的选择到装帧的顺序，每一个环节、每一个主体要素形式的选择都需要经过深思熟虑，而这些选择的根基在于内容。形式与内容，是一个统一体，相互补充、相辅相成。

书籍装帧设计要体现形式与内容的相互协调，如果书籍的装帧形式很吸引人，内容却空洞乏味，则无法引起读者的阅读兴趣。如果书籍的装帧形式平平无奇，就算书籍的内容丰富多彩，也会减少读者的数量。

（1）书籍装帧设计形式与内容的统一性。

形式与内容的统一是书籍装帧设计的整体性原则。书籍装帧设计的内容通过形式来承载与呈现，而书籍装帧设计的形式并非天马行空，只讲求形式的设计美感而完全脱离内容。在书籍装帧设计中，无论是封面设计还是版面设计，构成所有设计主体要素的根基是书籍的思想内容，不能单纯地表现形式而忽略内容。只有将形式和内容有机地结合起来，相互呼应，才能耐人寻味，久读不厌。如图1-6所示是设计师王志弘的书籍装帧设计作品，其以内容为导向，将书籍封面的形式与书籍的内容有机地结合起来，具有较强的辨识度，展现了独特的设计美感。

（2）书籍装帧设计形式与内容的互补性。

书籍装帧设计的形式设计，可以增加书籍的艺术性，通过文字、图形、色彩等元素的合理搭配，结合点、线、

图1-6　王志弘《你是人间四月天》书籍装帧设计

面的抽象构成设计，使书籍具有独特的视觉效果，提升书籍的形式美感。书籍装帧设计的形式设计可以弥补书籍内容传达力不足的缺陷，让形式与内容相互补充，相得益彰。

如图1-7所示的书籍装帧设计作品《寂静的春天》，用春天常见的绿色作为主色调，让书籍封面的色彩显得春意盎然，同时，搭配自然界的鸟类、动物图案，让画面更具生机和活力，与内容互相辉映，充分体现了书籍所要表达的主要思想。

图1-7　《寂静的春天》书籍装帧设计

（3）书籍装帧设计形式与内容的强化性。

书籍装帧设计的形式与内容是相互强化的关系，在形式和内容中，需要有一个侧重点，不同类别的书籍，具有不同的装帧形态。例如艺术气息浓厚的书籍，需要有很强的艺术表现力，因此，书籍装帧设计的形式要强于内容（图1-8）；而学术性强的科研类书籍，其内容严谨、深奥，在设计方面不能过于花哨，这类书籍的装帧设计就要求内容强于形式（图1-9）。

图 1-8　形式大于内容的　　　　　图 1-9　内容大于形式的
　　　　书籍装帧设计　　　　　　　　　　书籍装帧设计

5. 书籍装帧设计与读者消费心理的关系

（1）消费者心理与书籍装帧设计。

①消费者心理概述。

消费者是书籍存在的基本条件，没有消费者，书籍的装帧设计也就失去了价值。因此，研究消费者心理具有重要意义。消费者不是单指某一个消费者，而是一个社会群体，了解这一群体的阅读习惯和情感需求是关键。读者想购买什么样的书籍，什么样的图书装帧设计才能够调动起读者最大的消费欲望，这些都与读者的消费心理有着直接的关系。在消费的过程中，读者肯定要进行一番比较、分析，最终做出购买或者不购买的判断。因此，只有对读者消费心理有透彻的了解，才能设计出与读者消费心理相契合的图书。近些年来，随着图书市场化营销的出现，消费者心理越来越受到图书市场的重视。整个图书的生产、装帧、营销，都受到消费者心理的影响。

消费者的消费动机、消费兴趣以及消费情绪是促使其最后做出消费决定的三个主要因素。消费者对于图书的消费心理包括消费者消费过程中的心理活动和规律。消费者个性特征、气质、文化程度与性格类型差异会形成不同的消费群体。消费者心理与图书装帧设计和图书市场营销的关系也十分密切。

促使消费者产生购买冲动的最根本心理是"需要心理"，在消费者的需要心理中，优先心理又起着决定性作用。因此，书籍的装帧设计，一定要在最初的构思阶段就将消费者的优先心理考虑在内，这样才能最大化地满足消费者的消费需求。

②不同读者对书籍装帧设计的心理诉求。

年龄的不同决定了读者不同的人生经历与文化积累，对于图书也就会有不同的阅读期待。地域的差异性形成了读者不同的地域性格与审美需求，这也会体现在对书籍阅读欣赏的不同审美趣味上。不同的文化层次对书籍的欣赏水平更是有着巨大的差异。这就要求图书的装帧设计要根据不同的消费群体，做出不同的装帧设计风格，以此来满足不同消费群体的消费期待。我们可以从五个不同的读者消费群体分析其对书籍装帧设计的不同心理诉求。

a. 幼儿读者消费群体。

随着社会的飞速发展，父母对于幼儿的阅读培养相当重视。一般情况下，心理学上指的儿童期是从孩子 2 岁左右直到 12 岁这一阶段。在这一年龄段，孩子的心智成长非常迅速，在行为、思想上会有很大的变化。这一年龄段的儿童，由于身心迅速成长，又可以将其分为大龄儿童消费者群体与低龄儿童消费者群体，不同的年龄段，对书籍的装帧设计有着一定的差别。

低龄儿童受其识字量和知识面的限制，对于图书中文字的阅读并不是很感兴趣。处于这一时期的儿童，主要是通过图案与图画接收知识，他们会对那些色彩鲜艳、图案美观的书籍产生浓厚的兴趣。只有在色彩图画的吸引下，他们才会有兴趣观看书籍。因此，针对这一阅读群体的图书装帧设计就要注重多用明丽鲜艳的色彩，在书中多插入一些大幅的绘画插图，这样才能将这一群体的阅读欲望充分地调动起来。

大龄儿童的识字量与知识面要比低龄儿童宽泛，随着年龄的增长，他们也有了较强的理解能力。因此，这一年龄段的儿童消费者已经具备了基本的阅读能力，他们对文字开始产生兴趣，能够静下心来进行文字阅读，并且乐意接受同现实生活现象有关的课外知识。这一年龄段的儿童读者，已经逐渐脱离了单纯阅读图画的层次，希望图书能够图文并茂。

具体来看，对于低龄儿童消费者来说，为了引起其阅读兴趣，封面的装帧设计要尽量选择那些他们熟悉的卡通形象，而且封面上的字体也不能方正死板，应具有卡通造型，还要注意封面色彩的鲜亮艳丽，如图1-10所示。大龄儿童消费者已经将阅读的兴趣转向了科普知识、文化故事等文字性内容，因此，针对这一消费群体设计的图书封面就要趣味性与现实性并重，例如可以将一些现实中的大自然图片运用到封面设计上，如图1-11所示。

图1-10　适合低龄儿童的书籍装帧设计

图1-11　适合大龄儿童的书籍装帧设计

b. 青少年读者消费群体。

青少年读者是指年龄处于13～20岁这一阶段的读者群体。这一年龄段的人群正处于叛逆、多变的青春时期，他们有着强烈的身份认同感与自尊心。因此，这一年龄段的消费者群体的心理与情感是充满矛盾的，他们渴望来自外在世界的认可，但又以自己主导的方式来理解这个世界，矛盾的心理表现在行为爱好上就是偏激，对新鲜刺激的事物相当敏感，追逐时尚，有随大流的意向。另外，这一阶段的读者群体还有一个最大的心理特征，就是对于情感的诉求，特别是爱情，他们抱着一种既害羞又好奇，充满了探索欲望的心理。针对这一读者群体的装帧设计重点应该放在新奇、时尚、独特、情感这四个大的方面。

就目前的图书装帧设计市场来说，针对这一消费者群体的书籍装帧设计多集中于青春校园故事。动人的校园故事加上唯美的插图以及当下青少年中流行的语言，构成了现代青少年的阅读市场。这些书籍的装帧设计，其封面多用美丽的动漫形象或精致的绘画图案，色彩清新、淡雅，文字与画面交相辉映，如图1-12所示。

图 1-12　适合青少年读者的书籍装帧设计

c. 青年读者消费群体。

青年读者消费群体是指 20 ～ 40 岁的读者消费群体，其已经形成了自己的价值判断和审美趣味，并且具备一定的经济实力。这一群体对书籍的品质有着很高的要求，对阅读的品质要求也较高，审美观较之于青少年更加成熟，对书籍的需求集合了娱乐需求、信息收集需求、文化提升需求、工作技能需求、个人形象需求等多种心理诉求。针对这一阅读消费群体的图书装帧设计，从其心理需求来看，要将设计重点放在新奇上，封面的设计要新颖、独特，具有创意性，书籍的开本、装订方式也要体现个性化。还要注意对当下社会中时尚元素、流行元素的提取，例如可以与书附赠一些现在流行的小饰品，如图 1-13 所示的《诗词之美》，随书附赠的小礼品就很有创意性，吸引了很多青年消费者购买。

图 1-13　适合青年读者的书籍装帧设计

d. 中年读者消费群体。

中年读者消费群体是指年龄段在 40 ～ 60 岁之间的人群。这一阶段的读者群体大多已经成家立业，生活重心放在了家庭和工作上，其阅读期望以精短但蕴含较大信息量的书籍为主。而且因为他们已经有了一定的阅历，对于书籍装帧设计，更倾向于简约而有内涵的设计风格。针对这一年龄段的阅读群体进行的图书装帧设计，首先要注重设计风格的简约化；其次要考虑书籍的装帧成本，不需要做过多装饰，如图 1-14 所示。

图1-14　适合中年读者的书籍装帧设计

e. 老年读者消费群体。

老年读者消费群体一般是指60岁以上的人群。这一年龄段的消费者，基本都已退出了自己的工作岗位，他们有大量的时间来进行阅读。但是，由于年龄的增长，他们的身体条件每况愈下，健康成了这一年龄段读者的首要关注对象。因此，他们倾向于购买饮食、保健方面的书籍。

这一群体特定的心理、身体特征，决定了针对这一群体的书籍装帧设计应尽可能做到人性化关怀，例如多数老年人的视力都有所下降，那么在设计图书时就要优先考虑字体的大小。有些老年人还表现出色弱的现象，所以，这就需要书籍装帧设计者在设计时，要考虑色彩的运用，那些有着鲜亮色彩的封面设计也许更能引起老年消费者的关注。这一群体的消费者出于经历、阅历的积淀，他们与中年读者消费群体有着相似的审美趣味，都比较喜欢那些简约大方、有内涵的图书设计，如图1-15所示。

图1-15　适合老年读者的书籍装帧设计

（2）书籍装帧设计对读者消费心理的影响。

按照传统的消费理念来解读书籍消费的概念，一般是指读者对于书籍内容的阅读消费。但是随着书籍市场化的发展以及电子书、网络、图像对于纸质书籍的冲击，书籍消费不再仅仅局限于对书籍内容的阅读消费，特别是对于纸质书籍的消费，从书籍的内容到其装帧设计直到最后的市场销售，已经构成一个整体。对于当下的纸质书籍来说，书籍装帧设计是影响消费者消费的重要一环。

通常情况下，进入书店后，面对摆在书架上琳琅满目的图书，那些装帧设计精美考究、色彩艳丽醒目的图书更容易引起读者的翻阅兴趣。精美的装帧设计，使翻阅者得到很大的审美愉悦，同时激发出他们强烈的购买欲望。由此可见，图书的装帧设计，从封面、版式、开本、印刷质量到个性化的艺术风格、表现形式，都会影响读者的购买心理。下面从以下几个方面来具体分析书籍装帧设计对读者消费心理的影响。

①多元化、个性化装帧设计风格的影响。

现代图书市场中，多元化的装帧设计风格从不同层面满足了消费者的消费诉求。现代的图书装帧设计理念，早已超越了传统设计工艺，以更加个性化的设计装帧理念来进行图书设计，从印刷工艺到书籍的材质，都讲究个性化。如在印刷过程中对图像基调、网点准确的强调，使印刷出来的书籍更加精美考究，从而给消费者带来更大的审美体验。另外，对于书籍材质的重视，对其手感的关注，纸张的色彩、纹理等视觉效果的追求，让很大一部分有购买能力的消费者产生消费欲望，促进了图书的销售。书籍装帧设计类型的多样化、个性化，也极大程度地调动了消费者的购买欲望。封面装帧设计的精装与简装、豪华版与袖珍版，内文中不同的字号、字体设计结合精巧的构图，极大地满足了消费者的感官需求。

②色彩基调装帧设计的影响。

书籍装帧设计中的色彩具有视觉传达的功能，对于消费者在消费过程中的信息传达、感知以及最终的购买决策都有着决定性作用。在书籍的装帧设计中，色彩具有"先声夺人"的优势，通过对消费者的视觉刺激，达到对消费者心理、生理产生强大冲击的目的。色彩是最容易让人接受的一种感官方式，例如，红色容易使人产生兴奋的情绪，蓝色则给人以沉着、冷静的感觉。我们应该充分运用色彩的心理作用，结合不同年龄段读者群体的色彩喜好进行书籍装帧设计。

③开本设计对读者阅读心理的影响。

书籍的开本是指书的尺寸，常见的书籍开本有 32 开、大 32 开和 16 开等。一般来说，小的开本能够给消费者以简洁、便利的感觉，大的开本则给消费者以高雅、华贵的感觉。不同的开本设计要根据实际的阅读情况而定。如诗歌、散文等大众化书籍，常采用小开本的设计，目的是让读者便于携带，也可以降低图书的成本。开本的大小能够传达一种情绪，如大的开本会有开阔、舒展之感；小的开本则会产生出娇俏的感觉；标准的开本会让人觉得方正、严肃。

④封面设计对读者阅读心理的影响。

封面是书籍展示给读者的第一印象。封面设计的关键在于要在方寸之间将书的主题特性展示出来，以有限的画面语言向读者传达有效的信息，诱使其产生阅读的冲动。要达到这一消费目的，首先要注重封面中的构图设计。根据人类的审美经验，审美的快感来自复杂图案与单调图案之间的审美空间，单调的图案会给欣赏者以乏味的感觉，而复杂的图案则会给欣赏者形成太大的审美压力，只有繁简得当的构图才能做到主次分明，突出主题和重点，如图 1-16 所示。另外，色彩的设计会对阅读者产生不同的情绪影响。不同的色彩会产生空间感和层次感，让书籍的封面主次分明，色彩也极具装饰美感，增强封面的艺术感。

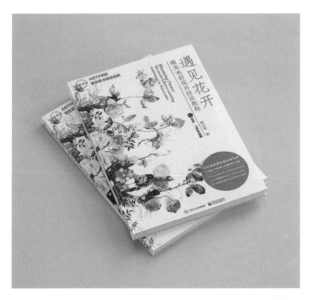

图 1-16　繁简适当的书籍封面设计

⑤书脊设计对读者阅读心理的影响。

书脊位于图书封面和封底的连接处，当图书被置于书架上时，呈现在消费者眼前的就是图书的书脊。因此，书脊的设计在整个图书装帧设计中处于纽带的位置。书脊是能独当一面的小型封面，因此，书脊设计也是封面设计的另一种体现方式。特别是那些具有一定厚度的书脊，更不应该仅仅将书脊的设计理念局限于书名、作者名和出版社名称的排列上，而是应该通过几何构图的点、线、面以及图形的合理分割与呼应，使其与封面、封底甚至护封形成有机的整体，如图1-17所示。

图1-17　书脊设计

⑥切口设计对读者阅读心理的影响。

切口是指书籍侧面除装订的一面以外需要裁切的其他三个边，古籍将其称为"翻口"。现代书籍装帧设计强调书籍设计的整体性，切口也日益成为书籍装帧设计关注的对象。切口的设计也会对读者的阅读心理产生很大的影响作用。从审美的角度来看，具有创意性的切口设计能够让读者翻阅书籍时产生丰富的想象空间。切口可以通过图案、色彩的植入进行设计。如《梅兰芳全传》这本书的切口设计就非常精致、有创意，从前向后翻阅，切口处形成了梅兰芳先生的生活照，从后向前翻，则形成了梅先生的艺术造型。这样的切口设计，不仅对于书籍的主题有着重要的表达作用，而且能够引起读者很大的翻阅兴趣，如图1-18所示。

图1-18　切口设计

⑦版式设计对读者阅读心理的影响。

书籍版式设计是指设计人员根据书籍的设计主题和视觉需求，在预先设定的有限版面内，运用造型要素和形式美法则，根据特定主题与内容的需要，将文字、图片（图形）及色彩等视觉传达信息要素，进行有组织、有目的的组合排列的设计行为与过程。书籍的版式设计主要是对内页的排版和设计，内页的装饰、排版是书籍装帧设计的主要内容，是最终吸引读者的决定性因素。版式设计美观的书籍不仅能更好地传达文字内容，而且可以形成良好的阅读体验，提高阅读的愉悦感，如图 1-19 所示。

图 1-19　书籍版式设计

⑧装帧材料对读者阅读心理的影响。

书籍阅读需要读者手捧着书本进行翻阅，书籍装帧的材料会对读者的阅读心理产生一定的影响。不同材质的书籍会产生不同的触感和心理反应，如图 1-20 所示。轻柔、细腻的纸质书，会使读者在翻阅时产生儒雅的书卷气，手感极佳。皮革材质的书籍则会营造出一种雍容、华贵、典雅的气质。以木材做材质的书籍则显得清新、自然，具有古朴、优雅的感觉，尤其适合中国古代书籍的装帧设计，对于彰显文化底蕴与内涵有着很好的效果。

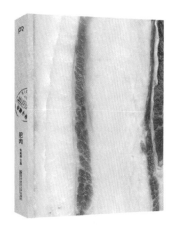

图 1-20　采用不同材质的书籍装帧设计

三、学习任务小结

　　通过本节课的学习，同学们已经初步了解了书籍装帧设计的基本概念和设计原则，以及书籍装帧设计与读者消费心理的关系，对书籍装帧设计基础知识有了一定的认识和理解。同学们课后还要通过多收集国内外优秀的书籍装帧设计作品，并进行学习、分析和归纳，全面提升自己对书籍装帧设计的理解能力。

四、课后作业

　　收集 30 个国内外书籍装帧设计作品，制作成 PPT 进行分享。

书籍装帧设计的发展史

教学目标

（1）专业能力：能够认识和理解书籍装帧设计的发展史。

（2）社会能力：能通过课堂师生问答、小组讨论，提升学生的表达与交流能力。

（3）方法能力：逻辑思维能力、设计创意思维能力。

学习目标

（1）知识目标：熟悉书籍装帧设计的发展史。

（2）技能目标：能厘清书籍装帧设计发展的脉络和发展趋势。

（3）素质目标：通过学习书籍装帧设计的发展史，开阔学生的视野，扩大学生的认知领域，提高学生的书籍装帧设计感知能力。

教学建议

1. 教师活动

讲解书籍装帧设计的发展史，引导课堂师生问答，互动分析知识点。

2. 学生活动

认真听老师讲解书籍装帧设计的发展史，积极思考问题，与教师良性互动，积极进行小组间的交流和讨论。

一、学习问题导入

随着社会的发展，人们在满足了基本的物质生活需求的同时，开始追求更高层次的精神生活需求，人们对书籍的需求也越来越高。目前，随着科技的迅速发展，电子书逐渐活跃，使得纸质书籍的需求降低，相对于传统的纸质印刷类书籍，利用网络进行信息传递的电子书籍更具有快速性、时效性，在操作上更为简便。在这样的背景下，纸质书籍受到了极大的冲击，人们的阅读方式发生了转变。但是，纸质书籍并没有被遗弃，也没有被淡忘，相反，喜爱纸质书籍的人仍然很多，因为纸质书籍在视觉、触觉、嗅觉等方面展现的魅力是无可替代的。在如今这样一个追求情感化设计的时代，阅读已经不再是单纯获取知识的过程，一本设计精美、装帧考究的纸质书籍，会给人带来独特的审美享受。

二、学习任务讲解

1. 书籍的起源

文字是书籍装帧的第一要素，文字的信息传达需要一定的载体，于是，书籍应运而生。书籍是人类智慧的体现，是人类表达思想、传播知识、积累文化的物质载体。书籍的形态和材质是随着社会的发展而变化的。通过考古发现，中国自商代就已出现较成熟的文字——甲骨文。在河南殷墟出土了大量刻有文字的龟甲和兽骨，这是迄今为止我国发现的最早的文字载体，如图 1-21 所示。由于甲骨文字形尚未规范化，字的笔画繁简悬殊，刻字大小不一，横向难以成行，所以，甲骨文所刻文字由上而下、由右至左纵向成列，每列字数不一，皆随甲骨形状而定，如图 1-22 所示。从甲骨文的规模和分类上看，那时已出现了书籍的萌芽，这种刻在龟甲上的书籍被认为是我国最早的书籍和装帧形态。

图 1-21　刻有甲骨文的龟甲和兽骨　　　图 1-22　甲骨文在龟甲上的文字排列

原始时期的书籍装帧在形式上都是取材于自然界现有的物质材料，如石头、龟甲、兽骨等。随着生产力的发展，在商朝至春秋战国时期出现了大量铸刻在青铜器上的铭文，历史上称之为金文，也称为钟鼎文，如图 1-23 所示。钟鼎文以记载重大国事为主，如祭祀典礼、征伐功绩、歌颂祖先等。这种刻在青铜器上的文字可以看作书籍装帧的另一种古老的形态。周朝时期还出现了刻在石材上的文字，这种刻石记事的方式比刻在金属器物上更加方便，更易于长久保存，如图 1-24 所示。

图 1-23　刻在青铜器上的钟鼎文　　　　图 1-24　周代石刻

到了汉代，石刻更为盛行，如刻在鼓形石头上的文字叫石鼓文；刻在长方形大石上的叫碑，圆头的叫碣；刻在山崖上的叫摩崖石刻等，如图 1-25～图 1-27 所示。此外，在汉代还出现了画像石和画像砖，许多内容具有故事情节，类似于后来的连环画，这也是我国装帧艺术中插画设计的先导，如图 1-28 和图 1-29 所示。

图 1-25　汉代石鼓文　　　　　　　　图 1-26　汉代景云石碑

图 1-27　汉代摩崖石刻　　　图 1-28　画像石上刻画的人物　　　图 1-29　画像砖上生动的场景

这些较早的书籍装帧形态，虽然具有记录和传播信息的功能，但是都由于太过笨重、携带不方便以及不便于流通，使得信息的传播受到很大阻碍。因此，我国在春秋战国时期出现了简策、帛书。东汉蔡伦改进了造纸术之后又出现了卷轴装、旋风装等书籍装帧形态。中国隋唐的雕版印刷术的发明对书籍装帧的发展起到了至关重要的作用，替代了繁重的手工抄写方式，缩短了书籍的成书周期，促成了书籍的成型，大大提高了书籍的品质和数量，推动了文化的发展。宋代的毕昇发明了活字印刷术，大大提高了书籍的制作效率，使书籍的印刷成本也大大降低，推动了书籍的普及。宋代还规范了图书字体，即宋体，让宋版图书得到飞速发展。宋代以后，书籍的装帧形态几经演变，先后出现过卷轴装、经折装、旋风装、蝴蝶装、包背装、线装、简装和精装等。

（1）简策。

中国早期书籍的载体是竹和木。把竹子加工成统一规格的竹片，再放置于火上烘烤，蒸发竹片中的水分，防止虫蛀和变形，然后在竹片上书写文字，这就是竹简。竹简再以革绳相连成册，称为"简策"。这种装订方法成为早期书籍装帧比较完整的形态，已经具备了现代书籍装帧的基本形式，如图1-30所示。

（2）帛书。

帛书是指书写在帛上的文字，如图1-31所示。帛早期是指一种白色丝织物，春秋战国时期，帛已经泛指所有的丝织物。当时帛的用途相当广泛，其中作为书写文字的材料常常"竹帛"并举，并且帛是其中贵重的一种。汉代古籍上已有"帛书"一词，如《汉书•苏武传》载："言天子射上林中，得雁，足有系帛书。"而帛书的实际存在时间更早，可追溯至春秋时期，《国语•越语》曰："越王以册书帛。"不过，由于帛的价格远比竹简昂贵，它的使用限于达官贵人。

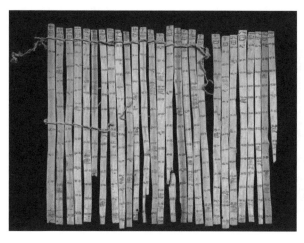

图1-30　简策

图1-31　帛书

（3）卷轴装（又称卷子装）。

欧阳修《归田录》中说"唐人藏书，皆作卷轴"，可见在唐代以前，纸本书的最初形式仍是沿袭帛书的卷轴装，如图1-32所示。轴通常是一根有漆的细木棒，也有用珍贵材料的，如象牙、紫檀、玉、珊瑚等。卷的左端卷入轴内，右端在卷外，前面装裱有一段纸或丝绸，叫作镖。镖头再系上丝带，用来缚扎。卷轴装的纸本书从东汉一直沿用到宋初。卷轴装书籍形式的应用，使文字与版式更加规范化，行列有序。与简策相比，卷轴装更加舒展，可以根据文字的多少随时裁取，一纸写完可以加纸续写，也可把几张纸粘在一起，成为一卷，后来人们把一篇完整的文稿就称作一卷。

图1-32　卷轴装书籍

（4）经折装（又称折子装）。

经折装出现在 9 世纪中叶以后的唐代晚期，经折装的出现大大方便了阅读，也便于取放。具体做法是将一幅长卷沿着文字版面的间隔，一反一正地折叠起来，形成长方形的一叠，在首末两页上分别粘贴硬纸板或木板，如图 1-33 所示。

经折装的装帧形式与卷轴装已经有很大的区别，形状和今天的书籍非常相似。经折装较卷轴装的优点是制作工序简单，易操作。此外，还克服了卷轴装不易翻阅、查阅困难的弊端，可以根据需要直接翻阅某一页，所以这种装帧形式被广泛采用，在书画、碑帖等装裱方面一直沿用至今。但是，经折装也有翻阅时间久了页面的连接处容易撕裂或者散开的缺点。

图 1-33　经折装书籍

（5）旋风装。

旋风装是在经折装的基础上加以改造演变而来的，旋风装形同卷轴，由一长纸做底，首页是单面书写，将全幅裱贴在卷纸上，此页开始是双面书写，从右向左依次逐页错开后装裱在底纸上，类似房顶贴瓦片的样子，这样翻阅每一页都很方便。

旋风装保留了卷轴装的外形，解决了翻阅时不方便的问题，如同现代书籍一样，每页都可以翻动，相比卷轴装，旋风装的文字是双面书写的，书籍的内容量大大增加了，有了明显的进步。但由于旋风装是根据自身特点而形成的一种不固定的、比较随意的装帧形式，所以仍然需要卷起来存放，如图 1-34 所示。

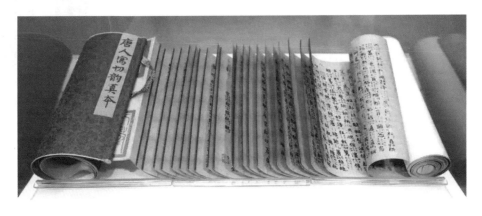

图 1-34　旋风装书籍

（6）蝴蝶装。

唐代和五代时期，雕版印刷已经趋于盛行，而且印刷的数量相当大，以往的书籍装帧形式已难以适应飞速发展的印刷业，蝴蝶装应运而生。蝴蝶装就是将印有文字的纸面朝里对折，以版心中缝线为轴心，把所有页码对齐，用糨糊粘贴在另一包背纸上，然后裁齐成册的装订形式。蝴蝶装书籍翻阅起来就像蝴蝶飞舞的翅膀，所以称为"蝴蝶装"。蝴蝶装只用糨糊粘贴，不用线，却很牢固，如图1-35所示。

（7）包背装。

包背装是在蝴蝶装的基础上发展起来的一种装帧形式，因为此装帧形式源自包裹书背，所以称其为包背装。包背装与蝴蝶装的主要区别是对折页的文字面朝外，背向相对。两页版心的折口在书口处，所有折好的书页叠在一起，戳齐折扣，版心内侧余幅处用纸捻穿起来，如图1-36所示。

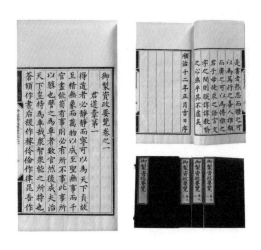

图1-35　蝴蝶装书籍

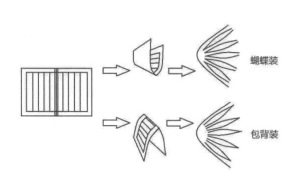

图1-36　蝴蝶装、包背装书籍示意图

（8）线装。

线装书籍起源于唐末宋初，盛行于明清时期。它与包背装相比，不用整幅书页包背，而是前后各用一页书衣，打孔穿线，锁线分为四针、六针、八针订法，书脊、锁线外露，装订成册，这样就解决了蝴蝶装、包背装易于脱页的问题，同时也便于修补和重订。线装书的封面及封底多采用瓷青纸、粟壳纸或者织物等材料。在封面的左边有白色签条，上题有书名并加盖朱红印章，右边订口处以清水丝线缝缀。版面天头大于地脚两倍，并分行、界、栏、牌，并且大多数书籍配有插画，版式有双页插图、单页插图、左图右文、上图下文或文图互插等形式，如图1-37所示。

图1-37　线装书籍

（9）简装。

简装也称平装，是铅字印刷以后近现代书籍普遍采用的一种装帧形式。在20世纪20年代至60年代，很多书籍都是采用铁丝双订的形式。另外，一些更薄的册子，内页和封面折在一起直接在书脊折口穿铁丝，称为"骑马订"。

（10）精装。

精装书籍在清代已经出现，封面镶金字，非常华丽。清光绪二十年（1894年）美华书局出版的《新约全书》就是精装书。精装书多为锁线订，护封用材厚重而坚硬，封面和封底分别与书籍首尾页相黏，护封书脊与书页书脊多不相黏，以便翻阅时不致总是牵动内页，比较灵活。书脊有平脊和圆脊之分，平脊多采用硬纸板做护封的里衬，形状平整。圆脊多用牛皮纸、革等有韧性的材料做书脊的里衬，以便起弧。封面与书脊间还要压槽、起脊，以便打开封面。

精装书印制精美，不易折损，便于长久使用和保存，设计要求特别，选材和工艺技术也较复杂，所以有许多值得研究的地方，如图1-38所示。

图1-38　精装书籍

2. 书籍结构和形态的发展

中国书籍装帧的起源和演进过程，至今已有两千多年的历史，经历了简策、帛书、卷轴装、经折装、旋风装、蝴蝶装、线装、平装和精装，在长期的演进过程中逐步形成了简洁、典雅、实用的形式特征。

中国现代书籍装帧设计起源于清末民初，伴随着西方装帧设计理念和技术进入中国而逐步发展、完善。在出版行业，西方的工业化印刷逐渐代替了中国传统的雕版印刷，以工业技术为基础的装订工艺日趋完善，同时还催生了精装本和平装本，装帧方法也由此发生了结构层次上的变化，封面、封底、版权页、扉页、环衬、护封、正页、目录页等，都成为书籍设计的重要元素。书籍装帧设计在装帧材料、设计制作工艺、设计理念等方面有了很大进步和提高。各种纸张、皮革、涂塑纸、化纤布、塑料、木板等新材料的运用层出不穷。在表现手法上，电脑绘画、烫金、烫银、镂空等新工艺广泛应用，使书籍形态呈现出了前所未有的艺术效果和繁荣景象。

3. 概念书设计的发展

（1）概念书的概念。

概念书是一种基于传统书籍，寻求表现书籍内容可能性的另一种新形态的书籍形式。它包含了书的理性编辑构架和物性造型构架，是书在传达形态上的创新，是为了寻求新的书籍设计语言而产生的一种形式。其根植于内容却又在表现形式上另辟蹊径，尚未在市场上流通的书籍设计均可称为概念书。概念书设计的目的就是将艺术和本体语言结合起来，既能够让人感受到观念性的视觉享受，也可以让读者拥有美好的视觉体验。传播知识不是它最重要的目的，而是寻求一种崭新的阅读体验的方式，让读者收获阅读的乐趣。

（2）概念书设计原则。

①科学的原则。

概念书设计不仅仅需要新颖的风格，还需要精准地传达书籍的主题，增强读者对书籍内容的理解。概念书对设计采取反思态度，利用材料和技术让书籍更加美观、更具吸引力。

②原创性设计的原则。

概念书的原创设计是其核心竞争力，原创设计不是对原有形态的完善与提升，也不是对已有形式的模仿与抄袭，而是运用发散思维对书籍装帧设计进行独立创作，并展现书籍独有的艺术魅力。

③未来设计原则。

这也是"前瞻性"的设计原则，概念书设计可以激发读者深入分析书籍的内涵，并引起读者丰富的联想，从而实现美好的阅读体验。

概念书设计案例如图1-39和图1-40所示。

图1-39　概念书设计案例一

图1-40　概念书设计案例二

三、学习任务小结

通过本节课的学习，同学们已经初步了解了书籍装帧设计的发展史，对书籍装帧设计的发展趋势也有一定的认识。同学们课后还要通过课内与课外的学习，对书籍装帧设计进行更深、更广的了解，并对书籍装帧设计的发展做总结归纳，全面提升自己的综合认知能力。

四、课后作业

（1）简述我国书籍装帧设计的发展史。

（2）收集20个概念书设计案例，并制作成PPT。

项目二

书籍的形态与结构设计

学习任务 一　书籍的基本形态

教学目标

（1）专业能力：了解现代书籍的基本形态，找出平装书籍和精装书籍的区别。

（2）社会能力：引导学生收集、归纳和整理现代书籍的基本形态案例，并分析其特点。

（3）方法能力：信息和资料收集能力，案例分析能力，归纳总结能力。

学习目标

（1）知识目标：能描述平装书籍和精装书籍的区别，并阐述各自的特点。

（2）技能目标：能鉴别和区分平装书籍和精装书籍，以及其装订方式。

（3）素质目标：提高信息和资料的收集、分析、总结能力。

教学建议

1. 教师活动

（1）教师通过展示平装书籍和精装书籍，让学生了解二者之间的区别。

（2）让学生了解平装书籍和精装书籍的不同装订方式及结构特点。

2. 学生活动

（1）观察教师提供的平装书籍和精装书籍，思考不同装订形式的区别。

（2）根据教师的归纳，记录平装书籍和精装书籍的不同装订形式和结构特点。

一、学习问题导入

本次学习任务主要学习现代书籍的基本形态。什么是书籍的基本形态？平装书籍和精装书籍有哪些特点？请同学们观察图 2-1 展示的两本书，仔细思考这两本书有什么不同。

图 2-1 平装书和精装书

二、学习任务讲解

1. 现代书籍形态

现代书籍从形态上主要分为平装书、精装书和假精装书，从内容上则分为科技书、社科书、文学艺术书、教科书、少儿书等。

2. 平装书的形态

平装书也称为简装书，是书籍出版中普遍采用的一种装订形式。它的装订方法比较简易，用软卡纸印制封面，成本低廉，适用于篇幅少、印数大的书籍。平装书分为普通平装和勒口平装，普通平装由不带勒口的封面、主书名页和书芯构成；勒口平装由带勒口的封面、环衬、主书名页和书芯构成。

平装书籍装订工艺有骑马订、平订、胶装、穿线订和圈订等。平装书籍封面会进行多种印后工艺处理，其中包括覆膜或上光、凹凸压印、烫印、模切、镂空等。如图 2-2 所示，书籍封面采用了镂空工艺。

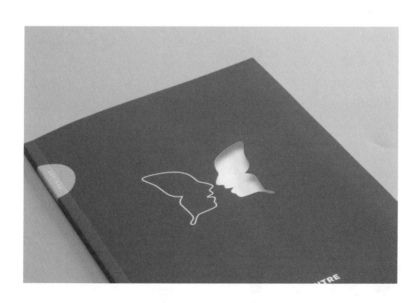

图 2-2 镂空工艺

（1）骑马订。

骑马订即将印好的书页连同封面，在折页的中间用铁丝订牢的方法，适用于页数不多的杂志和小册子，是最简单的装订形式。封面和正文连订在一起，没有书脊。这种装订方式简便，加工速度快，订合处不占有效版面空间，书页翻开时能摊平。但书籍牢固度较低，要求正文必须连页，页数不能太多，且书页必须要配对成双数才行，一般用于宣传推广用的小册子，如图 2-3 所示。

（2）平订。

平订也称作"铁丝订"，即将印好的书页经折页、配贴成册后，在订口一边用铁丝订牢，再包上封面的装订方法，用于一般书籍的装订，如图2-4所示。它的优点在于方法简单，双数和单数的书页都可以订。它的缺点如下：首先是订脚紧，厚书不易完全展平，造成阅读不便；其次是订眼要占用5毫米左右的有效版面空间，降低了版面率；另外，铁丝遇到潮湿会生锈，影响书籍外观质量，甚至造成书页的破损和脱落。

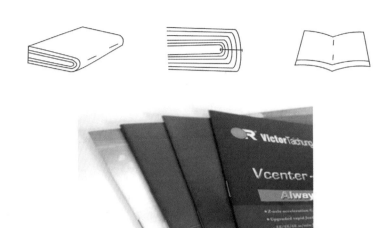

图2-3　骑马订

（3）胶装。

胶装也叫"无线胶订"，即不用线、铁丝装订，而是用胶黏合书芯，装订后与锁线订一样，如图2-5所示。胶装费用便宜，但不耐用，多用于通俗读物。胶装方法简单，书页也能摊平，外观坚挺，翻阅方便，但牢固度较差，时间长了乳胶会老化，引起书页散落。

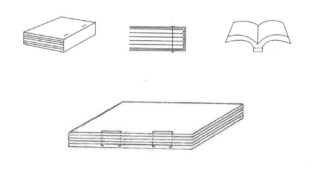

图2-4　平订

（4）穿线订。

穿线订也叫"锁线订"，即将折页、配贴成册后的书芯按前后顺序用线紧密地将各书帖串起来然后再包以封面，如图2-6所示。这种装订方式既牢固又易摊平，适用于较厚的书籍或精装书。与平订相比，书的外形无订迹，且书页无论多少都能在翻开时摊平，是理想的装订形式，精装书多以穿线配合。缺点在于成本偏高，且书页也须成双数才能对折订线。

图2-5　胶装

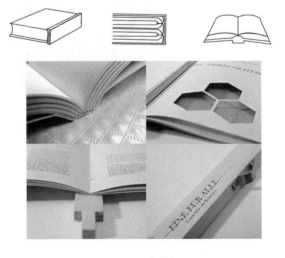

图2-6　穿线订

（5）圈订。

圈订也称"活页订"，即在书的订口处打孔，再用弹簧金属圈或螺纹圈等穿锁扣的一种订合形式，如图 2-7 所示。在设计页面时，要留出圈装订孔的位置，根据页面的厚度选择圈的直径，再根据圈的直径预留页面装订位的大小。装订时较灵活、新颖美观，单页之间不相粘连，适用于需要经常更换的出版物，如台历、产品样本、目录、相册等。

3. 精装书的形态

精装是书籍出版中比较讲究的一种装订形式，特别适合质量要求较高、页数较多、需要反复阅读，且具有长期保存价值的书籍，如经典著作、专著、工具书、画册等。其结构与平装书的主要区别是硬质的封面或外层加护封或函套。书芯一般采用锁线订，经扒圆起脊等工序，上书壳后再经压槽成形。精装书籍的结构较为复杂，包括函套、护封、内封、环衬、扉页、版权页、内文、堵布头和丝带等。

（1）精装书籍封面。

精装书籍封面可运用不同的物料和印刷制作方法，达到不同的格调和效果。制作精装书封面的材料很多，除纸张外，有各种纺织物、丝织品，还有人造革、皮革和木质等。精装书籍的封面主要有两种，一种是硬封面，即把纸张、织物等材料裱糊在硬纸板上制成，适用于放在桌上阅读的大型和中型开本的书籍，如图 2-8 所示。另一种是软封面，即用有韧性的牛皮纸、白板纸或薄纸板代替硬纸板，轻柔的封面使人有舒适感，适用于便于携带的中型本和袖珍本，如字典、工具书和文艺书籍等，如图 2-9 所示。

图 2-7　圈订　　　　　　　　图 2-8　精装书籍硬封面　　　　　图 2-9　精装书籍软封面

（2）精装书的书脊。

精装书的书脊可以是方角的，也可以是圆角的。一般篇幅较大的工具书最好选用圆脊，但书脊文字容易损坏。方脊的翻阅效果差，书的订口处要多留些空白，以免影响正文文字的阅读。

① 圆脊。

圆脊是精装书常见的形式，其脊面呈月牙状，以略带一点垂直的弧线为好，一般用牛皮纸或白板纸做书脊的里衬，有柔软、饱满和典雅的感觉，尤其薄本书采用圆脊能增加厚度感，如图 2-10 所示。

② 方脊。

方脊是用硬纸板做书籍的里衬，封面也大多为硬封面，整个书籍的形状平整、朴实、挺拔，有现代感，但厚本书在使用一段时间后书口部分有隆起的危险，如图 2-11 所示。

图 2-10　圆脊

图 2-11　方脊

4. 假精装书的形态

假精装是介于精装和平装之间的一种装订形式。假精装书的扉页、内文和版权页的设计与安排，与精装书相当，如图 2-12 所示。相较于精装书，假精装书的工艺难度并不高，成本也低很多。从外形看，精装书更有质感，有明显的书脊、书槽，而假精装书没有明显的质感，也没有明显的书槽。翻看的时候能发现假精装书的皮壳并没有精装书那么硬实，精装书通过衬纸来固定皮壳跟内页，而假精装书就跟普通的锁线胶装书差不多。精装书一般是由面纸裱的灰板，而假精装书一般都是面纸裱单粉卡。

图 2-12　假精装书

三、学习任务小结

通过本节课的学习，同学们已经初步了解了平装书和精装书的知识，也了解了二者各自的装订方式和形态特点。书籍的基本形态以及装订形式影响着书籍装帧设计的整体效果。在我们今后的学习中，要以实践应用为目的，准确地选用书籍的装订方式，做到合理、清晰地制定书籍形态。课后，大家要针对本次学习任务所了解的内容进行归纳、总结，完成相关的作业练习。

四、课后作业

收集 30 幅书籍装帧设计作品，分析书籍形态类型及装订形式，并制作成 PPT 进行展示与汇报。

学习任务 二

书籍开本设计

教学目标

（1）专业能力：了解书籍开本的基本概念，以及纸张开切方法和纸张常用尺寸。

（2）社会能力：引导学生收集、归纳和整理纸张开切法及常用尺寸案例，并进行分析。

（3）方法能力：信息和资料收集能力，案例分析能力，归纳总结能力。

学习目标

（1）知识目标：能掌握纸张三种开切方法及常用书籍开本尺寸。

（2）技能目标：能牢记常用纸张尺寸及常用书籍开本尺寸。

（3）素质目标：提高信息和资料的收集、分析、总结能力。

教学建议

1. 教师活动

（1）教师通过展示不同类型的书籍，让学生了解不同书籍的开本区别。

（2）教师通过折纸游戏，让学生了解纸张开切方法及尺寸。

2. 学生活动

（1）观察教师提供的不同的书籍，思考书籍类型和特征以及开本大小。

（2）根据教师演示的折纸方法，学生亲自动手折叠并记下相应的纸张尺寸。

一、学习问题导入

本次学习任务主要学习书籍开本的基本概念。什么是开本？书籍开本大小由哪些方面决定？请大家观察图 2-13 展示的两本图书，仔细思考这两本图书的尺寸有什么不同。

图 2-13　不同的书籍开本

二、学习任务讲解

1. 书籍开本的基本概念

开本是指书刊幅面的规格大小，即把一张全开纸裁切成面积相等的若干小张，将它们装订成册。在进行书籍整体设计之前，必须先确定开本的大小，它对书籍设计定位起着至关重要的作用。

2. 纸张的开切方法与开本

通常情况下，按国家标准分切好的平板原纸已充分确保了纸张尺度的高效使用，并成为书籍开本设定的一种衡量标准。从某种角度看，这是确保不浪费纸张、便于印刷以及控制印刷成本的先决条件。不同的纸张类型具有不同的尺度，需要根据所选用纸张的原大小来考虑纸张的剪裁方法。纸张的开切方法主要有几何级数开法、非几何级数开法和特殊开法三种。

（1）几何级数开法。

几何级数开法是最常用的纸张开法。它的每种开法都以 2 为几何级数，其开法合理、规范，适用于各种类型的印刷机、装订机、折页机，如图 2-14 所示。

（2）非几何级数开法。

非几何级数开法即每次开法不是上一次开法的几何级数，工艺上只能用全开纸印刷机印制，在折页和装订方面有一定的局限性，如图 2-15 所示。

（3）特殊开法。

特殊开法又称畸形开法，用纵横混合交叉的开法，按印刷物的不同需求进行任意开切组合，如图 2-16 所示。

3. 纸张的常用开本尺寸

在实际生产中通常将幅面为 787mm×1092mm 或 31 英寸 ×43 英寸的全张纸称为正度纸，将幅面为 889mm×1194mm 或 35 英寸 ×47 英寸的全张纸称为大度纸。

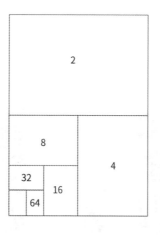

图 2-14 几何级数开法

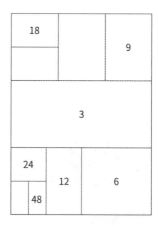

图 2-15 非几何级数开法

图 2-16 特殊开法

纸张的常用开本尺寸如下。

（1）正度纸张：787mm×1092mm。

全开：781mm×1086mm。

2 开：530mm×760mm。

3 开：362mm×781mm。

4 开：390mm×543mm。

6 开：362mm×390mm。

8 开：271mm×390mm。

16 开：195mm×271mm。

注：成品尺寸＝纸张尺寸－修边尺寸。

（2）大度纸张：889mm×1194mm。

全开：844mm×1162mm。

2 开：581mm×844mm。

3 开：387mm×844mm。

4 开：422mm×581mm。

6 开：387mm×422mm。

8 开：290mm×422mm。

16 开：210mm×285mm。

32 开：203mm×140mm。

注：成品尺寸 = 纸张尺寸一修边尺寸。

4.ISO 国际标准

ISO 国际标准的纸张大小被全世界各国广泛使用，它提供了一整套完整的纸张大小参考标准，可以满足大多数的印刷需求。ISO 的纸张系统是基于 2 次方根的高宽比，即 1:1.4142，如图 2-17 所示。

规格	[mm]	规格	[mm]	规格	[mm]
A0	841X1189	B0	1000X1414	C0	917X1297
A1	594X841	B1	707X1000	C1	648X917
A2	420X594	B2	500X707	C2	458X648
A3	297X420	B3	353X500	C3	324X458
A4	210X297	B4	250X353	C4	229X324
A5	148X210	B5	176X250	C5	162X229
A6	105X148	B6	125X176	C6	114X162
A7	74X105	B7	88X125	C7/6	81X162
A8	52X74	B8	62X88	C7	81X114
A9	37X52	B9	44X62	C8	57X81
A10	26X37	B10	31X44	C9	40X57
				C10	28X40
				DL	110X220

图 2-17　ISO 国际标准

5.选择与出版物相符的开本

报纸、杂志和书籍等特征各异的印刷媒体都有固定的尺寸。开始排版前，首先要确定出版物的开本。印刷纸张的大小对预算有很大的影响。此外，尺寸的大小要考虑书籍类型和特征，以及出版物流通的便利性，选择适合读者阅读习惯的尺寸。印刷物最终形式的大小称为开本。开本的大小和形状的选择与设计，需要根据书籍的不同情况来制定，要考虑三个要素，即书籍的性质和内容、读者的对象和价格、原稿篇幅。例如：图表较多、篇幅较大的画册或大部头著作通常会采用 12 开以上的大型开本；信息庞杂的杂志、教材则会采用 16 开的中型开本；文学书籍、手册多用 32 开；而某些工具书、小字典则会使用 64 开的小型开本等，如图 2-18 所示。

开本型号	尺寸(mm)	经常使用该型号的媒体
A4	210X297	月刊
A5	148X210	教科书
A6	105X148	丛书
B5	182X257	周刊
B6	128X182	单行本
B7	91X128	手账
16开	210X297	单行本
32开	148X210	单行本
AB开本	105X148	妇女杂志
新书开本	185X257	新书
大报开本	128X182	大报
小报开本	91X128	小报

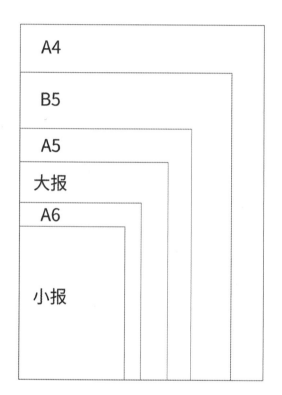

图 2-18　常用出版物的开本

三、学习任务小结

通过本节课的学习，同学们已经初步了解了书籍开本的决定因素和纸张的开切及尺寸。在进行书籍整体设计之前，必须先确定开本的大小，它对书籍设计起着至关重要的作用。课后，大家要针对本次学习任务所了解的内容进行归纳、总结，完成相关的作业练习。

四、课后作业

收集 4 种或以上不同类型特征的书籍，分析每种书籍的开本尺寸，并制作成 PPT 进行展示与汇报。

学习任务 三

书籍的结构要素

教学目标

（1）专业能力：了解书籍结构要素的基本概念和内容。

（2）社会能力：引导学生收集、归纳和整理不同书籍的结构设计图，培养和提升学生对事物认真的观察习惯。

（3）方法能力：自我学习的能力，信息和资料的收集归纳能力，优秀案例的分析能力和总结能力。

学习目标

（1）知识目标：掌握书籍结构要素中封面、封底、护封等的作用和设计方法。

（2）技能目标：能掌握书籍结构的分类和设计要点，并进行相关设计。

（3）素质目标：自我学习能力、沟通表达能力、设计要素理解能力。

教学建议

1. 教师活动

（1）教师通过展示与分析书籍结构，让学生对书籍的结构和作用理解得更加全面，通过赏析优秀案例，激发学生对书籍要素学习的兴趣。

（2）教师引导学生对书籍的结构进行分析讲解，并强调结构要素中的设计要点，引导学生学习优秀的设计案例。

2. 学生活动

（1）选取优秀的书籍设计作品在教师的指导下进行分析点评，对书籍封面、封底、目录等结构设计进行实践练习，进一步掌握书籍的结构。

（2）认真领会书籍结构设计的基本要素，构建有效的自主学习、自我管理的学习模式，学以致用。

一、学习问题导入

通过前面的学习，大家对一本书的结构组成有了初步的了解。本次学习任务主要学习书籍的结构要素。只有了解书籍的结构要素，才能更好地进行书籍设计，制作出符合市场需求的作品。如图 2-19 所示，大家一起分析书籍由哪些部分组成。

图 2-19　书籍设计

二、学习任务讲解

一本书的设计方案要从全书的整体出发，要使每个局部既有独特性，又富有变化，同时，整体又和谐统一、完整有序。在书籍的设计中要考虑护封、腰封、封面、封底、书脊、环衬等部分给读者的第一视觉印象，以及书籍内部每一页的版式设计。

书籍的结构要素根据结构构成和装订手法的差异而略有不同。精装书主要包括面封、护封、书套、腰封、底封、书脊、勒口、环衬、扉页、目录、内页、插页等，如图 2-20 所示。简装书的结构则相对比较简单，主要包括封面、封底、书脊和内文页。

1. 护封

护封又称包封、封套或护书纸。在精装书中，书籍本身封面外的额外一层包封纸叫作护封。护封在功能上可以起到保护、美化作用，同时可以提高书籍的档次和质量。护封的设计要依据书籍内容、封面、结构和开本大小进行。设计制作护封时可以选用不同的材质，也可以运用装饰性图案和色彩设计让书籍更加醒目，如图 2-21 所示。

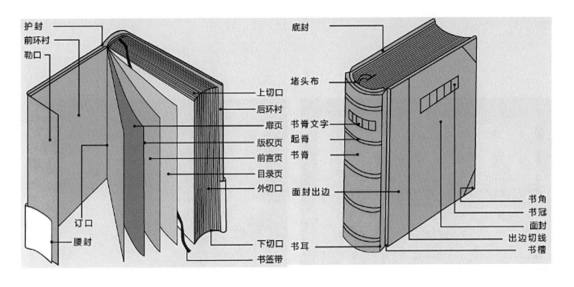

图 2-20　书籍的结构

图中标注文字：

护封　前环衬　勒口　订口　腰封

底封　堵头布　书脊文字　起脊　书脊　面封出边

上切口　后环衬　扉页　版权页　前言页　目录页　外切口　下切口　书签带

书角　书冠　面封　出边切线　书槽

书耳

2. 封面

封面又称书面、书衣、封皮，是为了保护书芯，附加在外侧的厚纸或薄板。封面一般用布面或较结实的纸制作，其设计要体现主题内涵。书籍的封面包括封一和封四（封底），杂志的封面还包括封二和封三。封面都以色彩、图形和文字的设计运用为主要组成内容。根据书籍不同的内容以及阅读受众的不同，设计师可以采用不同的设计方式。封面设计可以从书籍的某一些重要内容来进行构思，并通过不寻常的创意构思和设计方法创造视觉冲击力和感染力，以吸引读者注意力，如图 2-22 所示。

3. 书脊

书脊是封面的组成部分，它处于面封和底封之间，遮护着订口，处于书籍的背侧，一般印有书名以及出版社等信息。书脊的厚度要计算准确，这样才能确定书脊上字体的字号，设计出符合需要的书脊。

书脊的设计应充分考虑整体书籍的设计风格，使艺术性与功能性完美结合。对厚本书籍可以进行更多的装饰设计，精装本的书脊还可采用烫金、压痕、丝网印刷等诸多工艺来处理，如图 2-23 所示。

4. 勒口

勒口又称折口、飘口，是指书的封面和封底或护封的切口处多留 5 ～ 10 mm 空白处并沿书口向里折叠的部分。平装或精装书籍封面和封底向内的折页就是勒口，它在功能上可以有效地防止书籍因为长时间的使用而形

图 2-21　护封设计

图 2-22　封面设计

成的封面外卷或内卷。勒口的设计方式灵活多变，可以是封面的延伸以作为正文的补充或者添加作者简介，还可以加入一些功能性的设计方案，如插入 CD 或者书签的切口等，如图 2-24 所示。

图 2-23　书脊设计

图 2-24　勒口设计

5. 腰封

　　腰封也称腰带，一般为书籍做辅助性宣传说明，也有点缀、装饰封面的功能。腰封一般采用厚度、硬度以及韧性较强的纸张整体包裹在书籍的最外侧。其宽度大约为整个书籍的三分之一。腰封的长度是由上、下勒口与封面、书脊、封底的厚度相加所得。对系列套书，用腰封拢合，以方便携带，也能起到保护书籍和宣传、推广的作用，如图 2-25 所示。

6. 书函

　　书函又称书帙、书套、封套、书衣。包装书册的盒子、壳子或书夹统称为书函。书函具有保护书册、增加艺术感的作用，一般由木板、纸板和各种有色织物黏合制成，如图 2-26 所示。

图 2-25　腰封设计

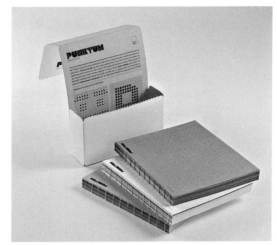

图 2-26　书函设计

7. 订口和切口

订口是指书籍装订处到版心之间的空白部分。订口的装订可分为串线订、三眼订、缝纫订、骑马订、无线黏胶装订等。切口是指书籍除订口外的其余三面切光的部位，分为上切口（书顶）、下切口（书根）和外切口（裁口），如图 2-27 所示。

对于切口的设计，大多数的书籍从成本的角度考虑一般以留白为主，但单色和多种颜色的选择也比较常见。随着印刷制作技术的不断进步，人们对于切口美观性的考量也有了新的认识，开始用图案对切口进行装饰和美化。

8. 环衬

环衬又称环衬页、蝴蝶页，是封面后、封底前的空白页，有时选用特种纸作为环衬。环衬是承上启下的中间部分，是使读者快速进入阅读状态的过渡页。在书籍装帧设计中，一定要充分把握好封面与环衬之间轻重缓急的关系。同时，环衬应避免太过花哨，作为书籍主题的补充和陪衬，环衬的设计应该比封面简洁，具体可以通过减弱色彩和图形的对比度来实现，如图 2-28 所示。

图 2-27　书籍订口设计

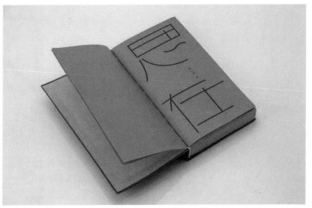

图 2-28　环衬设计

9. 目录

目录是书刊中章、节标题的记录，对书籍内容起到索引作用，便于读者查询。目录设计要求条理清楚，在设计样式上更要注意避免华而不实，通常会采用材质的变化和新颖的版式来达到设计的多样性，给读者耳目一新的感觉，如图 2-29 所示。

图 2-29　目录设计

10. 插页

插页是指穿插在正文中的独立的书页，内容多是与正文有关的插图、表格等。插页是书籍的组成部分，对内容起点缀和补充说明作用。插页随正文编排，图文配合，增加书籍的可读性，用图像直观地向读者说明文字内容。插页按内容可分为艺术性和技术性两种。插页用纸往往与正文不同，插页面积超越开本时，可采取单折页或多折页形式插入，称之为拉页。插页设计如图 2-30 所示。

图 2-30　插页设计

11. 扉页

扉页也叫书名页或内封，即封面或环衬页后的一页。扉页上印刷的文字一般与封面相同，但刊印的书名、著（译）者名、出版单位的名称更为详尽，有的印成彩色画面。扉页上最基本的构成元素是书名、作者名和出版社名，这些文字的排列和图形的位置没有特殊的规定，但是其风格必须与封面文字的排列协调，重点突出书名。扉页设计要清新、端庄、稳重，忌复杂，同时要避免与封面产生重叠之感。扉页的图形采用装饰性图案或插图，最好用简洁、概括的抽象图形。色彩对比不能太强烈，一般不超过两色。扉页设计如图 2-31 所示。

图 2-31　扉页设计

12. 版权页

版权页又称版本记录页、CIP 数据页。作为正式的书籍出版物，版权页属于国家审批准许数据专页，并为读者提供该书的相关信息，通常在扉页之后或在书芯倒数第二页。它是每本书诞生的历史性记录，记载着书名、著（译）者、出版、制版、印刷、发行单位、开本、印张、版次、出版日期、插图幅数、字数、累计印数、书号、定价等内容，如图 2-32 所示。

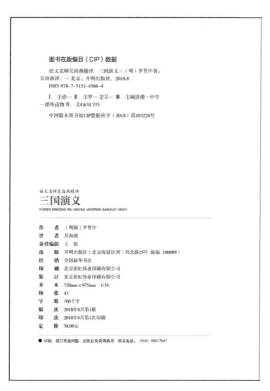

图 2-32　版权页设计

三、学习任务小结

通过本节课的学习，同学们已经对书籍的结构要素，包括面封、底封、护封、书脊、勒口、腰封、切口、环衬、书函、目录、插页、扉页、版权页等有了初步的了解。对书籍结构要素的梳理，以及书籍装帧设计案例的展示与分享，开拓了同学们设计思维。课后，大家要多收集优秀的书籍装帧设计作品，形成资源库，为后续书籍装帧设计积累素材和经验。

四、课后作业

（1）通过对大中型书籍市场、图书馆、书局进行市场调研，观察书籍陈列的形式，分析书籍各构成要素的作用。

（2）选择一本书籍，熟悉各结构要素的功能及设计要点，并对其进行全面的分析与评价。

项目三
书籍的版式设计

文字的编排设计与技能实训

教学目标

（1）专业能力：了解字符符号、段落的分类和应用，熟悉创意字符的设计原则。

（2）社会能力：引导学生观察不同书籍的文字、段落的排版设计，培养学生敏锐观察事物的能力。

（3）方法能力：自我学习能力、资料收集、归纳总结能力。

学习目标

（1）知识目标：掌握字符的基本概念、分类，以及创意字的设计原则。

（2）技能目标：能正确表达字符的分类应用以及文字排版的设计应用。

（3）素质目标：具备自主学习能力、沟通表达能力，对书籍字体、段落排版进行整体设计规划的能力。

教学建议

1. 教师活动

（1）教师前期收集不同类型书籍排版案例进行展示与分析，让学生对书籍中字符的特点、字号分类有深入的了解。

（2）教师对书籍版式设计中字符、字号、段落进行实例分析讲解，激发学生的学习兴趣，引导学生在实践中提升专业能力。

（3）教师示范字符、段落、创意字的设计制作，指导学生进行书籍创意字的设计练习，并强调设计规范要求，让学生产生职业认同感。

2. 学生活动

（1）在教师的指导下对文字编排设计进行技能训练，并进一步掌握文字编排的要点。

（2）针对文字排版设计要求，进行分组学习，以小组为学习单位，分工协作，互助互评，构建有效促进学生自主学习、自我管理的教学模式和评价模式，突出学以致用，以学生为中心取代以教师为中心。

一、学习问题导入

本次学习任务主要学习字符、文字、段落的编排设计。首先来认识什么是文字编排，文字编排中有哪些要求和表现方式。请大家观看图 3-1 和图 3-2 展示的图书，思考一下这两种图书排版有什么不同？是否能从图片中感受到排版技巧？谈谈你的想法。

图 3-1　无排版设计

图 3-2　常规书籍设计

二、学习任务讲解

1. 字符测量法及字号

字符是版面编辑中最小的基础单元，也是版面中最基础、最灵活的视觉元素。中文字符和外文字符不同的使用习惯，需要我们在不同的符号体系中加以区别并应用。

（1）号数制。

汉字大小定为七个等级，按一、二、三、四、五、六、七排列，号数越大，字越小，如图 3-3 所示。

（2）点数制。

点数制是国际上通行的印刷字形的一种测量方法。这里的"点"不是计算机字形的点阵，而是传统计量字大小的单位，是从英文"point"的译音演化来的，一般用小写 p 表示，俗称"磅"。

（3）级数制。

级数制是手动照排机实行的一种字形计量制式。它是根据这种机器上控制字形大小的镜头的齿轮，每移动一个齿为一级，并规定 1 级 = 0.25mm，1mm=4 级。有不少电子排版系统在字形大小上也支持级数制。号数制、点数制与级数制之间的换算关系如图 3-4 所示。

2. 字号的应用

（1）排版用字的基本原则。

在书籍的设计中，字号的选择有着重要作用。字体越大，越能突出主题和重点，使其更加醒目；字体越小，内容越紧凑，版面内容越多。字体种类少，则版面稳定、雅致；字体种类多，则版面热情有趣，显得信息传达形态丰富多彩。书籍字体排版设计如图 3-5 和图 3-6 所示。

字号	磅数	宋体	黑体	仿宋
初号	42	宋体初	黑体初	仿宋初
小初	36	宋体小初	黑体小初	仿宋小初
一号	26	宋体一号	黑体一号	仿宋一号
小一	24	宋体小一	黑体小一	仿宋小一
二号	22	宋体二号	黑体二号	仿宋二号
小二	18	宋体小二	黑体小二	仿宋小二
三号	16	宋体三号	黑体三号	仿宋三号
小三	15	宋体小三	黑体小三	仿宋小三
四号	14	宋体四号	黑体四号	仿宋四号
小四	12	宋体小四	黑体小四	仿宋小四
五号	10.5	宋体五号	黑体五号	仿宋五号
小五	9	宋体小五	黑体小五	仿宋小五
六号	7.5	宋体六号	黑体六号	仿宋六号
小六	6.5	宋体小六	黑体小六	仿宋小六
七号	5.5	宋体七号	黑体七号	仿宋七号
八号	5	宋体八号	黑体八号	仿宋八号

图 3-3 字号大小及转化关系

图 3-5 书籍字体排版设计一

字号	磅数	级数	(近似)毫米	主要用途
七号	5.25	8	1.84	排角标
小六号	7.78	10	2.46	排角标、注文
六号	7.87	11	2.8	角注、版权注文
小五号	9	13	3.15	注文、报刊正文
五号	10.5	15	3.67	书刊报纸正文
小四号	12	18	4.2	标题、正文
四号	13.75	20	4.81	标题、公文正文
三号	15.75	22	5.62	标题、公文正文
小二号	18	24	6.36	标题
二号	21	28	7.35	标题
小一号	24	34	8.5	标题
一号	27.5	38	9.63	标题
小初号	36	50	12.6	标题
初号	42	59	14.7	标题

图 3-4 号数制、点数制与级数制的换算关系

图 3-6 书籍字体排版设计二

（2）标题、正文排版中常用的字号。

书籍设计中标题字大小主要根据标题级别来选择，常见的大字标题选择范围有：16 开版面的大字标题可选用小初号 (36p)、一号 (27.5p) 和二号字 (21p)；32 开版面的大字标题可选用二号字 (21p) 和三号字 (15.75p)；64 开版面的大字标题可选用三号字 (15.75p) 和四号字 (13.75p)。

书籍正文用字的大小直接影响版面内容的文字数量。在字数不变时，字号的大小和页数存在关联性。一些篇幅很多的书籍或字典工具书不允许很大很厚，可以用较小的字体；内容较少的杂志书刊可用大一些的字体。例如美食杂志编排中根据版面内容进行排版设计，如图 3-7 和图 3-8 所示。

图 3-7　美食杂志标题字号

图 3-8　美食杂志内页字号

3. 常用印刷体

印刷体是提供排版印刷的规范化文字形体。在版式设计中，印刷字体的运用在相当程度上决定着书籍装帧设计品质。最初的印刷字体是雕版时用的字体，现在应用的印刷字体主要有以下几种。

（1）宋体。

早期的宋体是根据唐代书法家颜真卿、柳公权、欧阳询的楷书发展而成的，但在雕刻过程中，笔画的装饰角和转折等笔形特征逐渐变得简洁有力，在宋代形成了字形方正、结构饱满、横细竖粗、秀丽又不失文人气质的宋体，它奠定了现代宋体结构的基本风格特征。宋体字体端正、横划细、直划粗、浓淡适中、刚柔并济，是目前为止最有利于阅读，特别是在正文设计中使用最广泛的一种中文印刷字体类型。例如书籍《梨花雨韵》《大洋之间的光》书名采用宋体字，标题中色彩对比强烈，让人过目不忘，如图3-9和图3-10所示。

图 3-9　书籍设计一

图 3-10　书籍设计二

（2）仿宋体。

1916年，杭州人丁善之和丁辅之参照清代刻本《生柏庐治家格言》字形和笔形设计，将宋体字横直笔画的对比加以调整，形成了仿宋体字。其特征是笔画粗细匀称，字形略长，结构优美。如图3-11和图3-12所示，仿宋体适合排印诗集和短文，用于序、注释、图片说明和小标题等。由于它的笔画较细，阅读时间长容易损耗视力，效果不如宋体，因此不宜排列长篇的书籍。

（3）楷体。

楷体是用毛笔很工整地"手写"的字体，它的间架结构和运笔方式与手写楷书完全一致。由于楷体的笔画和间架不够整齐和规范，通常适合排小学低年级的课本和儿童读物，一般书籍很少用它排正文，仅用于短文和分级的标题，如图3-13所示。

（4）黑体。

黑体产生于近代，受西方无衬线字体影响。它是在宋体结构的基础上取消了粗细变化和装饰特征，横竖笔画粗细一致，方头方尾，灰度比宋体重，因此得名黑体。视觉上黑体字形端庄，笔画粗细均匀、整齐美观，显得庄重、醒目，富有现代感，易于阅读。书籍《一起来吃年糕》字体设计中，标题应用黑体，如图3-14所示。

图 3-11　《生柏庐治家格言》字帖

传统的宋体　　大标宋体　　长宋体　　仿宋体

图 3-12　仿宋体

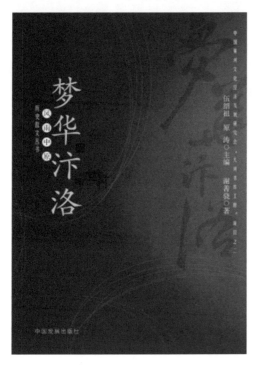

图 3-13 楷体字

图 3-14 黑体字

4. 创意字体的设计原则

（1）易读性。

在文字设计中，需要对字体的笔形、结构和色彩进行整体设计，并协调好笔画与笔画、字与字之间的关系，体现出字体的节奏感与韵律感，创造出具有表现力和感染力的字体，把内容准确、鲜明地传达给读者。如图 3-15 所示的字体设计，将书名用书法字体进行表现，同时加深背景的蓝色，突出字体的白色，让封面的字体更加突出、醒目、易读。

图 3-15 易读性字体设计

（2）艺术性。

中国书法极具线条感和意境美，反映了中国人认识世界的方式。自秦代以来，书法艺术就成为独立的艺术门类，随着人们审美意识的逐步增强和印刷术的不断改进，书法逐步发展为一种纯艺术的形式。利用书法进行字体设计，可以体现出浓厚的中国传统文化底蕴和艺术魅力，如图 3-16 所示。

图 3-16　书法艺术字

（3）创新性。

创新是设计的根本，对于字体设计而言，需要时刻思考文字形态的变革，实现文字形态演变的各种可能，并打破书写常规、追求形式美感。如图 3-17 所示，书籍中的字体与插图有机融合，仿佛翩翩落下的桃花花瓣，给人留下深刻印象。

（4）时尚性。

字体的创意应与时俱进，跟随时代，追踪流行，以达成创意字体的时尚效果。例如以春元素为主题，把字体设计与春天结合，赋予季节的特征，让书籍封面有如春风拂面，生机勃勃，如图 3-18 所示。

图 3-17　创新性字体设计　　　　　　　　图 3-18　时尚性封面设计

5. 创意字体的构思

（1）字形。

文字虽有基本造型，但在设计字体时，还是需要从打破字体形状的角度来入手。汉字是方块字，以方方正正为特色，在书写标准美术字时，可以以方格来规范其大小，以求均匀、整齐、方正。在对文字进行变化时，首先应当考虑打破文字的外形规矩，实现字体表现的多样化，如图 3-19 所示。

（2）笔画。

文字由笔画构成，文字的笔画也各有规律。如汉字的撇、撩、点、横，拉丁文字的转角、横竖比例、斜度及装饰角。宋体字、黑体字、波多尼体、黑尔维卡体等都有各自的笔画和书写规范。进行字体创意设计时，可以从笔画入手，改变笔画的统一规律，创造出新颖的字体，如图 3-20 所示。

图 3-19　字形设计

图 3-20　笔画设计

（3）结构。

文字笔画的穿插，横画竖画的比例，笔画与空白的分布，形成文字的结构。文字结构是字体的骨架，不同字体有各自的书写规范，可以在保证结构准确的基础上进行创新和变化，让字体更加舒展、飘逸、婉约，如图 3-21 所示。

6. 文字的版式编排

（1）字体的选择。

字体设计是沿着两个方向展开的，一是为了服务于信息传达这一文字最核心的价值，探索具有良好阅读性、识别性、趣味性、艺术性的字体，如方正字库、文鼎字库中大量的字体就属于这一类；二是多为创意字体或文字的图形化设计，文字设计的目的是吸引读者，增强画面的设计感，赋予文字独特的艺术感染力，如书籍封面的字体设计、排版等，如图3-22所示。

（2）文字与主题。

文字既是语言信息的载体，又是具有视觉识别特征的符号系统。文字在版面设计上的设计运用，不是单纯对字体造型的美化加工，而是以文字内容为依据，进行艺术处理，从而创作出具有深刻文化含义的字体形象，如图3-23所示。

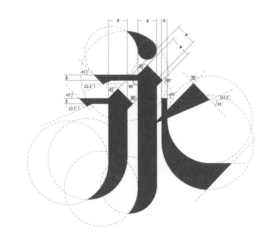

图 3-21　字体结构设计

图 3-22　封面字体设计

图 3-23　文字与主题呼应的设计

（3）文字与情感。

根据作品需要，突出文字设计的个性色彩，创造与众不同的字体排版，给人以别开生面的视觉感受，有利于版式作品的情感表现。如图 3-24 所示，在书籍封面设计中，将文字用小朋友比较喜欢的拼图笔画表现出来，显得天真、稚拙，再配上鲜明的红蓝色彩，实现了少儿读物的情感认同。

（4）文字与意象装饰。

象形的设计手法是把文字作为图画元素来表现，对文字的整体形态进行艺术处理，具象的图形与抽象的笔画巧妙结合，将字体塑造成半文半图的"象形字"，从而体现绘形绘意的创意性。例如《arts》杂志植根于创意产业，立足传播最先进的创意思想和技术，每一次杂志的封面都设计得新颖独特，让阅读者眼前一亮，如图 3-25 所示。

  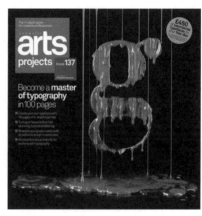

图 3-24　文字与情感设计　　　　　　　图 3-25　《arts》杂志设计

三、学习任务小结

通过本次任务的学习，同学们对于编排设计中字符和字号的概念有了清晰的了解。同时，本节课对文字创意设计和编排设计的内容进行了针对性的学习，有了这些理论知识作为支撑，将为后续课程中的书籍编排设计提供参考和借鉴。课后，同学们要多收集和整理一些优秀的书籍设计案例，了解其创意表达和设计方法，拓展自己的创意思维。

四、课后作业

（1）制作 3 张从 5 磅到 42 磅的黑体、宋体、仿宋体字号对照表，掌握字号实际应用尺寸。

（2）尝试自选一本书籍进行版面编辑设计，要求页面在 8P 以上，注意版面的设定、图片与文字的关系、整体与局部的关系，学会应用形式美法则。

学习任务

二

版面设计与技能实训

教学目标

（1）专业能力：能运用 Illustrator 工具进行版面设计，结合版面设计的构图技巧，进行排版创作。

（2）社会能力：能列举出目前商业市场上主要使用的构图方法，并进行排版创作；能按照具体的商业需求进行构思与创作，提交的版面不仅能满足商业需求而且能呈现出新的创意。

（3）方法能力：能收集优秀的版面设计作品，并能借鉴作品的设计创意、画面效果等来进行再次设计与制作。

学习目标

（1）知识目标：能运用版式设计的构图形式及方法进行设计制作。

（2）技能目标：能够正确合理选用 Illustrator 软件的工具进行版面设计。

（3）素质目标：通过完成学习任务，能够对版面设计作品进行鉴赏和评价，从而提高排版设计的创意能力。

教学建议

1. 教师活动

（1）课堂展示优秀的版面设计作品，提高学生的直观认识。

（2）通过优秀的版面设计案例的展示与示范，让学生掌握构图形式及特点，强化与学生之间的互动，细致讲解版面设计构图方法与软件制作的重要过程。

（3）教师拟定用软件临摹练习排版，学生分组讨论和进行课堂练习，引导学生将传统文化元素融入创作中。在学生练习过程中教师与学生进行互动交流和巡回辅导。

2. 学生活动

（1）学生课前准备学习资料，并在老师的指导下使用软件练习临摹优秀版面设计作品。

（2）课后查阅优秀版面设计作品，收集设计素材资料，为作品的设计提供足够的资源储备，创作出符合要求的优秀版面设计作品。

一、学习问题导入

之前已经学习了文字编排设计与技能实训,要想设计出优秀的版面设计作品,还要学习其构图表现形式。在大多数情况下,包括各种图片以及文字,适当调整文字的间距可以影响文本的易读性和可读性。在日常生活中,我们见过很多版面设计作品,大家归纳一下版面设计能运用到哪些方面?其中版面都承担了什么样的作用?

二、学习任务讲解

版面设计的构图,可分为骨骼型、满版型、对称型、曲线型、倾斜型、放射型、网格型、自由型和分割型。

1. 版面设计构图

(1)对称型。

对称型构图是一种以订口为轴心,上下或左右对称编排的构图。它的特点是构图版面多以图形表现对称,有着平衡、稳定的视觉感受。绝对对称的版面会产生秩序感、严肃感、安全感、平和感。对称型构图也可以展现版面的经典、完美,且充满艺术性。相对对称的构图方式则可以避免版面过于呆板,还能保留其均衡的视觉美感,如图3-26所示。

(2)骨骼型。

骨骼型构图是将版面按照骨骼的规律,有序地分割成大小相等的空间单位。骨骼型构图常应用于新闻、企业网站等领域的版面设计,如图3-27和图3-28所示。

(3)分割型。

分割型构图分为上下分割、左右分割、黄金比例分割和斜边分割。特点是版面设计较为灵活,具有抽象构成感,如图3-29和图3-30所示。

图 3-26 对称型版面设计

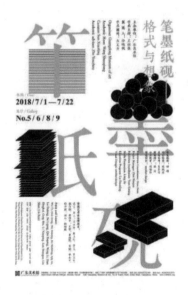

图 3-27 《笔墨纸砚》海报　　图 3-28 《假如空间是张白纸》海报

图 3-29　《槟城故事》内页　　　　　图 3-30　《Frida Kahlo》海报

（4）满版型。

满版型构图是将主体图像填充整个版面，像杂志封面一样，文字可放置在版面的各个位置。满版型的版面构图主要以图片来表达信息，是最直观的表达方式，更容易让人一目了然，如图 3-31 所示。

（5）放射型。

放射型构图是按照一定的规律，将版面中的大部分视觉元素从版面中的某一点向外发散，形成强烈的聚焦效果的构图方式。其给人以动感和视觉冲击力，以及较强的空间感，如图 3-32 ~ 图 3-34 所示。

图 3-33　放射型版面设计

图 3-31　《日本研究住宅形式》海报　　　图 3-32　《脑洞大开》海报　　　图 3-34　科技公司书籍排版

（6）曲线型。

曲线型构图即运用曲线进行版面分割、编排的构图形式。这种构图在视觉上有流动性和走向性，具有延长和多变的特点，使得页面具有节奏感和韵律感，常用在体育杂志、特色商品的海报宣传上，如图3-35～图3-37所示。

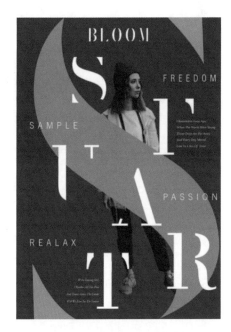

图 3-35 《BLOOM 》海报　　　　　　　图 3-36 《HEADLINE 》海报

图 3-37　曲线型版面设计

（7）倾斜型。

倾斜型构图即版面构图使主体形象或者图像、文字等元素按照斜向的顺序进行版面设计，使版式产生强烈的动感和不安感，是一种比较个性化的构图方式。在运用此种构图方式时，要通过明确主题内容来决定版面元素的倾斜度和重心，使得版面在变化中不失均衡，如图3-38和图3-39所示。

图 3-38 倾斜型版面设计一　　　　　　　　　图 3-39 倾斜型版面设计二

（8）自由型。

　　自由型构图是根据版面的需要，将某些文字融入画面，形成图文并茂的效果，同时又不削弱主题，形成文字与画面的自由组合，让画面的版式更加自然、灵动，富有节奏变化和构成美感，如图 3-40 所示。

图 3-40　自由型版面设计

（9）网格型。

网格型构图即通过板块来划分画面的插图、文字的版面设计形式。优点是重点突出，层次分明，增加了信息的可读性和易读性，如图3-41～图3-43所示。

性像是爱情关系中一种难以把握的仪式。有时候这种仪式宛如教皇加冕，有万千礼炮隆隆作响，烟花在黑夜里不断绽放。

图 3-41　网格型版面设计一　　　　　　　　　　图 3-42　网格型版面设计二

图 3-43　网格型版面设计三

2. 页面的分层

书籍版面设计视觉层次感的呈现是非常重要的，字体的尺寸和厚度能轻易地决定哪些文字或段落是最重要的。同时，还要考虑文字的位置和颜色。书籍的版面，可以按照以下层级进行设计：（1）章节序号；（2）章节标题；（3）简介；（4）单元标题；（5）标题；（6）引文；（7）概述文字；（8）主体文字；（9）文本标题；（10）正文。

三、学习任务小结

通过本节课的学习，同学们已经基本掌握了版面设计的构图方法。课后，大家要勤加练习，提高版面排版的熟练程度。另外，还要多收集优秀的版面设计作品，并不断地进行思考和临摹练习。还可以在一些商场、实体店等场所拍摄一些好的版面设计商业海报作品，作为以后参考的素材和资源。

四、课后作业

（1）收集 5 种不同构图的书籍内页，并写出书籍的构图类型。

（2）到书城或购书中心进行市场考察，针对不同类型的书籍找出它们各自的特点与构图风格。

学习任务 三

网格设计与技能实训

教学目标

（1）专业能力：了解书籍网格设计的基本概念，以及栅格制作和分栏技巧。

（2）社会能力：能通过课堂师生问答、小组讨论，提升学生的表达与交流能力。

（3）方法能力：能通过优秀网格设计作品的赏析，提升对网格设计作品的观察、记忆、思维及想象能力。

学习目标

（1）知识目标：掌握书籍网格设计的概念和特征。

（2）技能目标：能够进行栅格制作。

（3）素质目标：通过对网格设计作品的赏析，开阔学生的视野，扩大学生的认知领域，提高学生的书籍装帧设计能力。

教学建议

1. 教师活动

教师进行书籍网格设计知识点讲授和代表性作品赏析，并示范栅格制作方法，引导课堂师生问答，互动分析知识点。

2. 学生活动

认真听课，积极思考问题，在教师的指导下进行栅格制作练习。

一、学习问题导入

网格设计作为一种行之有效的书籍版式设计方法，以系统化和清晰化为特征，在书籍版式设计中占有重要地位。网格设计在保持整体有序的同时，也会在版面上创造出一些动态视觉效果，这些动态视觉效果可以使版面变化更加丰富，增添版式设计的美感。

二、学习任务讲解

1. 网格设计的概念

网格设计又叫标准尺寸系统、程序版面设计及瑞士版面设计，是一种运用固定的格子设计版面的方法。即利用页面上预先确定好的网格，按照一定的视觉原则在网格内分配文字、图片、标题等元素。网格设计是平面设计理论中关于版式设计的经验总结，其产生于20世纪初叶的西欧诸国，完善于20世纪50年代的瑞士。风格特点是运用数字的比例关系，通过严格的计算，把版心划分为一系列统一尺寸的网格，广泛应用于杂志、画册、门户网站、UI设计等平面设计领域。

网格设计方法可以追溯到20世纪20年代的构成主义。1919年成立于德国魏玛的包豪斯设计学院是构成主义的发源地，苏联人李捷斯基是这个思想的倡导者。构成主义是一种理性的、逻辑的艺术，它认为世界是一个大单元，并由许多小单元组合而成。这种组合关系，无论客观物质还是社会形态都是如此，然而这样的关系是在变化运动的。约翰·契肖德是李捷斯基的追随者。他继承了构成主义的精神，使之发展成为新客观主义，成为现代书籍设计的重要里程碑。新客观主义强调明暗对比，并拒绝装饰纹样，突出无字脚字体，注重版面设计的功能，要求每一件设计都是有趣和独到的，并且应运用适当的形式，寻求版面与内容，以及作者与读者之间的紧密联系。在当时，新客观主义提高了广告印刷品、杂志和大众科学书籍的设计质量。

自从构成主义的中心地——德国的包豪斯学院解体以后，瑞士的设计师们继承了包豪斯的设计思想，瑞士的设计学校成为主要的实验室，而将网格设计付诸应用的是巴塞尔工艺美术学院的权威埃米尔·鲁德尔教授。20世纪40年代后半叶出版了第一件用网格设计的印刷品，其严密的文字和图片设计方案，贯穿全书的统一的版面设计和对于主题朴实无华的表现，代表了新的潮流。直到20世纪50年代网格设计才开始定型，并在世界各地广泛传播，对欧洲、美国及日本的设计师都有很大影响，应用的人也越来越多。在历届的"世界最美的书"评选中，采用网格设计的书籍屡屡获奖，也证明了它的艺术性和科学性。

网格设计不是简单地将文字、图片等要素并置，而是遵循画面结构中的相互联系发展出来的一种形式法则。网格设计成功的关键在于细致的规划和纵横划分版面的关系和比例，最终创造精美大方、令人印象深刻的版面，并在整体上给人一种清新感和连续感。

2. 网格设计的特征

网格设计是采用固定的网格结构划分使用版面的方法。在设计中先根据需要把版心的高和宽分为一栏或多栏，由此规定了一系列的标准尺寸，运用这些尺寸控制，可以安排各种文字、标题、图片，使版面取得有规律的组合，并且保持相互间的协调一致。除了可以在特定的页面和版幅上使复杂的信息条理化，网格设计还把封面和内部页面统一起来，把一个事项和另一个事项连接起来。网格设计还能实现视觉上的统一，在屏幕申请表、小册子、数据表和广告中建立类似家族式的网格。网格设计的特征是重视比例感、秩序感、连续感、清晰感、时代感，讲究准确性和严密性。

3. 运用网格设计的理由

网格设计不仅为出版物或其他媒介提供了基本构架，而且为它们创造了一种设计方法。运用网格设计的理由如下。

（1）网格设计可以为多页数或多主题出版物提供可重复使用的系统，实现设计过程的一体化。网格设计可以让许多最基本的设计元素得以保留，每次使用时只需做局部修改。除了为杂志和报纸提供可靠的设计指导外，网格设计也使系列设计作品有统一的外观，这对培养和针对某一读者群是不可或缺的。

（2）网格设计是在为一次性运用的设计作品进行设计的过程中逐步发展起来的，这种网格设计方法为设计师提供了一种内在的设计逻辑。有了这种网格设计方法，一份设计即使只运用一种元素也会体现出某种风格上的相似，如果以后要添加其他元素，设计的整体布局也不会显得杂乱。

（3）信息设计是最严格地运用网格设计的设计领域，设计师运用网格使重要的信息尽可能清晰醒目地传递出来，这方面最典型的例子是图表，它能迅速有效地传递信息。

4. 网格的制作

网格的设置是版式设计的重点，所谓网格就是设计物料在视觉表现上的规矩、框架。所有页面的版式设计都应在一定的规矩里完成，这样在视觉外观上才会具有整体的统一感。

网格的制作步骤如下。

（1）根据页面的大小设定版心的位置，用尺子量出距离。杂志订口的距离一定要注意根据杂志预计的总页数及装订方式来确定。

（2）书籍或杂志里占最大比重的是内文，内文字体的设定给读者的阅读带来愉悦是最为重要的，在定出版心位置后就要设定内文的字体。

（3）选定好内文字体（字体、字距、字号、行距），铺满整个页面，先暂定页面分为三栏，然后打印"原大"（按书籍或杂志原样尺寸大小打印）后，按裁切线裁去"出血位"以外的纸张，从而接近成品尺寸。"原大"便于更好地比较字体、字距、字号、行距，可以省去很多修改，如图 3-44 所示。

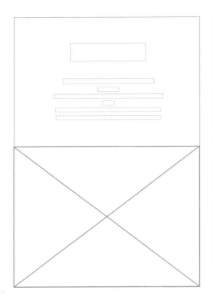  

图 3-44　页面字体排版

5.网格分栏技巧

（1）双栏。

双栏是最常见的一种分栏方法，是指将页面纵向等分为两部分，图片和文字均整齐划一，整个页面看上去规矩、统一、稳定、庄重。双栏可以相对完整、连续地展示文字和图片，在视觉上更容易使读者集中精力，实现较好的阅读效果，如图3-45所示。

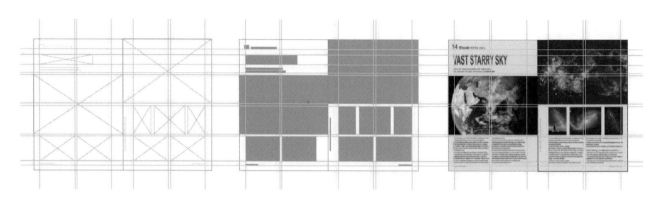

图3-45　双栏

（2）三栏。

三栏是指将页面横向和纵向等分为三个部分，较之双栏，三栏显得更加灵活和富于变化。在三栏中图片的表现方法比较灵活，通栏的大图可以与占一栏或两栏的小图并存。在三栏中可以通过并栏实现图片的变化，并栏即将若干栏并作一体，与其他栏一起表现出来，形成一个整体，如图3-46所示。

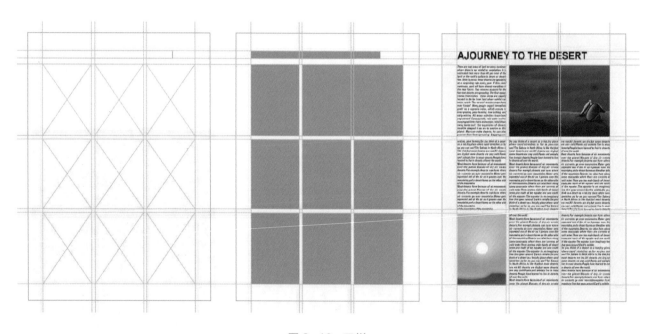

图3-46　三栏

（3）四栏。

四栏可以看作双栏的演变和扩展，其将页面横向以中心对称等分为四栏。这种网格设计看起来比较自然、细腻，符合大众的视觉心理和喜好。需要注意的是，由于将页面四等分，栏的宽度变窄，在视觉上其实并不适合连续阅读。因此，四栏的排版法常用于短小精悍的信息类栏目和文章，如产品介绍、最新动态、书评等，如图3-47所示。

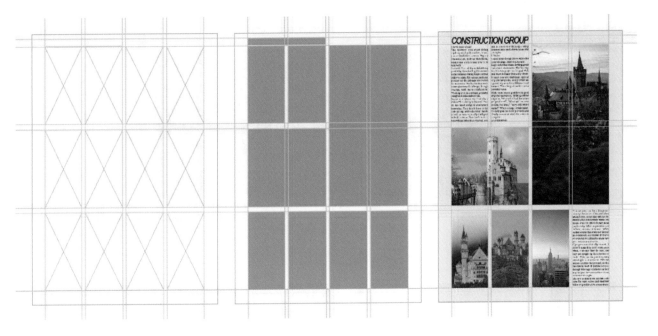

图 3-47 四栏

6. 网格设计实训

实训案例：以四栏为例，利用网格进行排版设计实训。

（1）步骤一。

打开 InDesign 软件，点击【新建文件】，然后会出现一个【新建边距和分栏】对话框，输入所需数值，点击【确定】，如图 3-48 ~ 图 3-50 所示。

图 3-48 新建文件

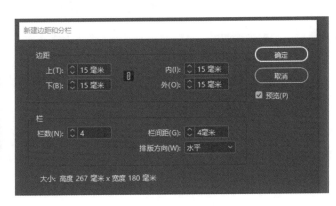

图 3-49 输入所需数值

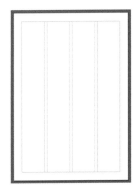

图 3-50 新建边距和
分栏后的网格

（2）步骤二。

打开【版面】，选择【创建参考线】，并在【创建参考线】对话框中输入数值，点击【确定】，如图 3-51 ~ 图 3-53 所示。

（3）步骤三。

选择工具栏中的矩形框架工具，然后在前面做好的网格图中拉出想放置文字和图片内容的区域，如图 3-54 和图 3-55 所示。

图 3-51　创建参考线

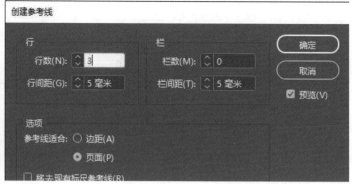

图 3-52　输入参考线数值

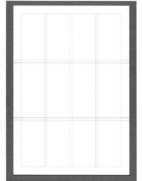

图 3-53　创建参考线后的网格

图 3-54　选择矩形
　　　　框架工具

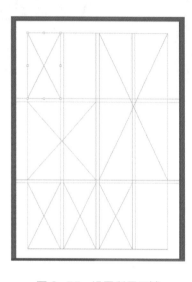

图 3-55　设置所需区域

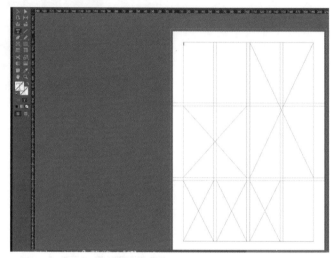

图 3-56　选择文字工具

（4）步骤四。

选择文字工具，点击上一步做好的框架，然后复制文本文字。将文字复制进去后，框中出现红色加号则表示文字过多，无法全部显示，我们需要点击它，然后框出另外一个区域，文字即可在第二个区域出现，如图3-56~图3-59所示。

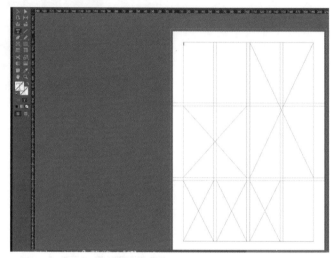

图 3-57　复制文本文字

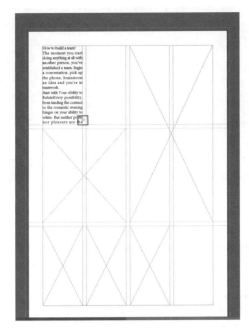
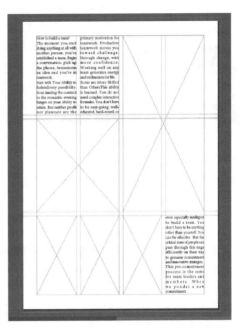

图 3-58　文字过多无法显示　　　　　图 3-59　点击红色加号显示全部文字

（5）步骤五。

选中做好的矩形框架区域，点击【文件】选项，再点击【置入】，找到想要置入的图片。置入图片后，点击鼠标右键，选择【适合】—【按比例填充框架】。后面的几个框架区域依次根据前面的制作步骤进行即可，具体如图 3-60 ~ 图 3-63 所示。

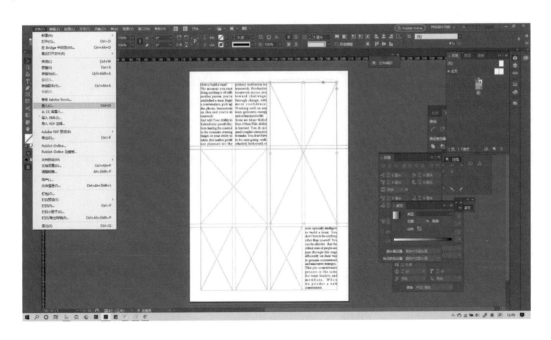

图 3-60　点击【置入】

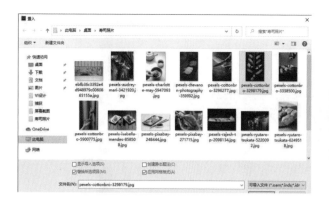

图 3-61 选择置入图片

图 3-62 按比例填充框架

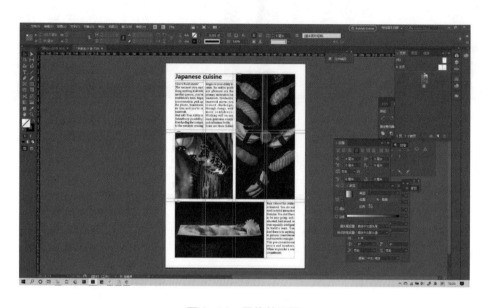

图 3-63 最终效果图

三、学习任务小结

通过本节课的学习，同学们已经初步了解了书籍网格设计的知识，对书籍网格设计的制作方法也进行了实训练习。同学们课后还要对书籍网格设计进行反复的练习，熟练掌握网格设计的方法，并力求在巩固基础的同时积极进行创新设计。

四、课后作业

（1）设计一本杂志的内页版式。要求：采用以文字为主、分栏网格式设计。

（2）设计一个精装书籍的内页版式。要求：内容、开本自定，内页的版式采用图文混排的形式。

项目四
书籍的插图设计

学习任务一　书籍插图的概述

教学目标

（1）专业能力：了解书籍插图的基本概念和基础知识。

（2）社会能力：能通过课堂师生问答、小组讨论，提升学生的表达与交流能力。

（3）方法能力：艺术鉴赏能力，观察、记忆、思维及想象能力。

学习目标

（1）知识目标：通过学习，能够理解和掌握书籍插图的概念和范畴。

（2）技能目标：能灵活运用与处理书籍编排中的各类插图。

（3）素质目标：掌握书籍设计中不同文字内容与各类插图的编排技巧。

教学建议

1. 教师活动

教师讲授书籍插图的知识，赏析书籍插图作品，引导课堂师生问答，互动分析知识点。

2. 学生活动

认真听课，积极思考问题，与教师良性互动。针对书籍插图案例积极地进行交流和讨论。

一、学习问题导入

阅读是人类获得知识与技能的重要途径之一。书籍作为人类的主要阅读对象，与人们的日常生活息息相关，是人类的精神食粮。随着时代的发展和进步，现代书籍的内容更加丰富，形式更加多样，设计更加精致、美观。作为书籍内容中必不可少的插图，其表现形式也呈现出多元化的趋势，为人类的阅读带来了更多、更好的视觉享受。

二、学习任务讲解

1. 插图的定义

（1）传统"插图"的定义。

插图艺术在我国有着悠久的历史。汉字萌芽之初，古人就以"图"为"书"进行记事，传达信息。后来随着佛教文化的传入，为了宣传教义，在经书中用"变相"图解经文，从而出现了版画形式的插图，如图 4-1 和图 4-2 所示。不管是画于墙上的壁画，还是刻于竹简及画在纸和绢上的图像，或者是用雕版印于书中的图形，统称为"图"或"像"。在欧洲，"插图"的概念源自拉丁文 illustration，原本有"举例说明、例证、图解、注释"的含义。欧洲中世纪的经本手绘彩色画，也属于插图的一种，如图 4-3 和图 4-4 所示。

（2）现代插图。

随着现代经济、社会的迅速发展，以书籍插图为主流的插图艺术不断向艺术设计的各个领域拓展，其表现形式和手段更是日新月异。插图不再简单地附属于书籍中的文字，而是将文字中所表达的情感准确、生动地传达给读者，插图本身也极具艺术表现魅力。

图 4-1 中国传统佛经插图

图 4-2 永乐宫壁画

图 4-3　欧洲早期手绘彩色插图　　　　　　　图 4-4　欧洲早期手绘黑白插图

现代书籍插图的表现形式呈现多元化和多样化的特点，从表现手法来分，可以分为写实和写意；从创作素材来分，可以分为人物插图、风景插图、动物插图、建筑插图等，如图 4-5 和图 4-6 所示。

图 4-5　人物插图　　　　　　　　　　　　　图 4-6　动物插图

2. 插图的功能和性质

（1）插图的功能。

插图的主要功能是用直观的视觉形象作为传递信息的手段，将丰富的内容和内涵以视觉形式生动、直观地传达给读者，帮助读者理解文字内容，并达到强化理念、创意和含义的目的。

插图是书籍装帧设计的重要组成部分，插图形象化特点的运用与设计来自对书稿的认识和理解，同时融合了设计师的审美与情感。插图的存在是为了更好地烘托书籍所蕴含的氛围，给予读者微妙的想象空间，在潜移默化中影响读者的心理及视觉感受。书籍插图的功能侧重于以下几点。

①表述功能。书籍插图的表述功能是指将文字视觉化，使读者得到更直观、更容易接收的信息。

②装饰功能。精美的插图是美化书籍、提升书籍档次、吸引读者的重要手段。

③审美功能。书籍插图的审美功能让人们在阅读书籍时享受视觉美感和陶冶情操。

（2）插图的性质。

①从属性。

插图是书籍装帧设计的一部分，依附于书籍而存在，与书籍装帧的整体设计一致。插图从属于书籍的主题和内容，以文字中描写的某些情节作为创作的本源。

②装饰性。

插图对书籍起到装饰、美化的作用。黑白插图与黑色的文字协调一致；彩色的插图可以打破满版黑色文字的单调感，让版面更加生动。插图不仅可以装饰版面，还可以营造意境，提升阅读兴趣，如图4-7和图4-8所示。

图4-7 儿童绘本插图

图4-8 时尚杂志插图

3. 书籍插图的分类

书籍插图包括封面和封底的插图，以及正文的插图。插图的分类如下。

（1）按书籍的类别分类。

①儿童读物插图。

儿童读物插图以卡通的造型、鲜艳的色彩、简洁的构图为特征，如图4-9和图4-10所示。

图4-9 儿童读物插图一

图 4-10　儿童读物插图二

②文学类、艺术类书籍插图。

文学类书籍插图包括文集、文学理论、中国古诗词、中国现当代诗歌、外国诗歌、中国现当代随笔、民间文学等书籍中的插图，如图 4-11 所示。艺术类书籍插图包括艺术理论、设计、影视艺术、建筑艺术、舞台艺术、戏曲、收藏鉴赏、民间艺术、摄影、美术、画册、字帖、音乐等书籍中的插图，如图 4-12 所示。

图 4-11　文学类书籍插图

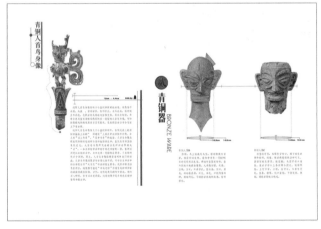

图 4-12　艺术类书籍插图

③科技类和自然类书籍插图。

科技类书籍插图包括科学、技术、天文、地理、数学、物理、工业、交通、电子等书籍中的插图，如图 4-13 所示。自然类书籍插图包括太空、宇宙、星球、地貌、海洋、湖泊、山川、风光、动物、植物等书籍中的插图，如图 4-14 所示。

（2）按插图的表现手法分类。

①手绘插图。

书籍中手绘插图以其人性化、独具亲和力等诸多优点，增添了书籍的趣味性。手绘插图要求创意新颖，色彩搭配合理，能够吸引人们的注意力，同时要与书籍的内容相联系，起到烘托整体阅读氛围的作用。

手绘插图可以用铅笔、钢笔、蜡笔、毛笔进行绘制，用水彩、水粉、墨等颜料进行上色。可采用速写、中国画、水彩等艺术表现形式。手绘插图具有手工绘制的生动感，其视觉效果更加亲切，更富有艺术感染力，如图 4-15 ～图 4-17 所示。

②电脑插图。

电脑制作为艺术设计带来了一场革命，为设计师提供了一种全新的艺术表现形式。图形、图像类软件能制作出极富表现力的作品，让画面更加真实、细腻。常用的电脑制作软件有 Photoshop、CorelDRAW、Illustrator、Painter 等，如图 4-18 和图 4-19 所示。

图 4-13　科技类书籍插图　　　　图 4-14　自然类书籍插图

图 4-15　手绘插图一　几米 作　　　　图 4-16　手绘插图二　丰子恺 作

图 4-17　手绘插图三　朱德庸 作

图 4-18 电脑插图一   图 4-19 电脑插图二

③摄影插图。

摄影图片借助高清照相机可以还原客观世界，增强画面的视觉感染力，在书籍插图中较为常见。摄影艺术靠光线、影调、线条和色调等构成自身的造型语言，可以客观描绘缤纷的世界。摄影图片运用在书籍插图中有两种形式，一是直白表现，二是经过电脑处理后的呈现。直白表现就是将摄影图片原封不动地运用在书籍中，其色彩与造型不加任何装饰。这种手法给人的感觉比较真实、自然。摄影图片经过电脑处理后，可以去掉很多瑕疵，并渲染与制造出各种新颖、独特的形式，为插图提供无限丰富的表现手段，如图 4-20 和图 4-21 所示。

图 4-20 摄影插图一   图 4-21 摄影插图二

4. 书籍插图的编排

书籍插图的编排首先需要进行构图。构图即在一定的空间范围内，根据主题的需要，对人与物的关系、位置做恰当的安排，组成一个有机的视觉整体，并使其具有美感。构图是获得艺术感染力的重要手段，是创意设计的起始阶段。书籍装帧设计中对插图的分割、重组、并置、叠加等都能产生风格迥异的视觉效果，并能表达截然不同的情节和主题。

书籍插图通过情感的传递，引起读者的共鸣和心灵上的沟通。一方面，书籍插图依靠读者与书籍之间建立的心理线索，根据内容的高潮起伏做相应的插入；另一方面，还要注意阅读中的文字与插图之间的节拍，诱导读者产生联想和想象，从而获得阅读的乐趣。书籍插图的编排要体现出层次感和节奏感，突出主题，起到平衡画面、活跃版面的作用。

　　书籍插图的编排一般分为文字间插图和单页插图两类。表现形式有整页、半页、通栏、四角、越空、页边、题头尾饰等，如图 4-22 ~ 图 4-27 所示。插图放置的位置、图片大小、主次关系等是插图编排的重点，一般遵循主图大、次图小的基本原则。

图 4-22　整页

图 4-23　半页

图 4-24　通栏

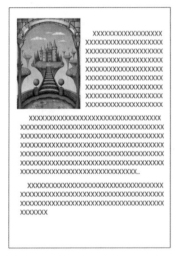

图 4-25　四角

图 4-26　越空

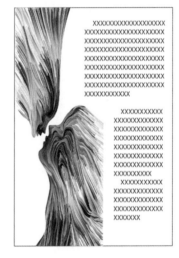

图 4-27　页边

三、学习任务小结

　　通过本节课的学习，同学们已经初步了解了书籍插图设计的知识，对书籍插图的设计与编排方法有了一定的认识。课后，同学们还要通过对书籍插图设计的实践绘制练习，熟练掌握插图设计与表现的方法，并在基础训练的同时积极进行创新。

四、课后作业

　　收集 20 幅优秀书籍插图作品，并临摹其中 1 幅。

学习任务 二

书籍插图设计案例分析

教学目标

（1）专业能力：了解各类型书籍插图设计与编排的方法和技巧。

（2）社会能力：引导学生收集、归纳和整理书籍插画设计案例，并进行分析。

（3）方法能力：信息和资料收集能力，案例分析能力，归纳总结能力。

学习目标

（1）知识目标：能描述不同类型书籍的插图设计的特点。

（2）技能目标：熟悉各类型书籍插图的风格定位、创作技巧和表现形式。

（3）素质目标：提高信息和资料的收集、分析、总结能力。

教学建议

1. 教师活动

（1）教师通过展示不同类型的书籍插图，让学生了解书籍插图设计与编排的方法。

（2）让学生了解不同类型的书籍插图的风格定位、创作技巧和表现形式。

2. 学生活动

（1）观察教师提供的不同类型的书籍插图，思考插图设计的特点，说出自己的观点。

（2）根据教师的归纳，记录书籍插图的风格定位、创作技巧、表现形式各方面知识。

一、学习问题导入

本次学习任务主要来分析书籍插图设计案例。首先我们来了解一下书籍插图设计要掌握哪些方面的知识，怎样的书籍插图设计才是优秀合理的。请大家仔细观察图 4-28 展示的图书，思考该图书的插图设计特点。

图 4-28　插图设计

二、学习任务讲解

插图设计是活跃书籍内容的一个重要因素。插图可以激发读者的想象力并加深对内容的理解，使读者获得一种艺术享受。插图是书籍装帧设计中独创性较强、艺术性较浓的元素，有着文字不具备的特殊的表现力。书籍插图设计要按照以下要求进行。

1. 理解原著，做好插图风格定位

要根据对书籍文字内容的理解，以及书籍整体设计定位来考虑插图的风格定位。插图创作首先要理解原著，确定原著的类型、风格定位和背景文化等内容。然后根据原著文字的需要确定插图的表现风格。例如怀旧类书籍可以选择清新、淡雅的水彩画表现风格，如图 4-29 所示；复古类书籍可以选择古风类型插图，如图 4-30 所示。

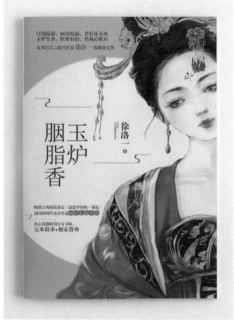

图 4-29　怀旧类书籍插图风格　　　　　　　图 4-30　复古类书籍插图风格

2. 根据不同类型的书籍配置插图

（1）文学类书籍插图设计。

如果文学原著的篇幅很长，主插图又不是连环画式插图，则需通过选择书中有意义的人物、场景和情节，用绘画形象表现出来，让读者从中既能得到艺术的享受，又能感觉到具体的生活形象，同时增加读者阅读书籍的兴趣，以加深对原著的理解，如图 4-31 所示。

图 4-31　文学类书籍插图

（2）科技类书籍插图设计。

科技类书籍的插图要求表达的内容准确、严谨，目的是帮助读者进一步理解知识内容，起到图解的作用。为了体现其真实性，一般采用写实的形式来表现内容。如图 4-32 所示，《奥托手绘彩色植物图谱》是一本彩绘植物图志，书中的插图非常精美，每幅图均给出了所绘植物的拉丁学名和所隶属的科名，差不多每张图除了植物外形图外，都配有花、果的解剖图，不仅能展现形状、结构，而且能把发芽的过程体现出来，这对于植物分类学工作者，尤其是植物学爱好者或高校教师来说具有重要的参考价值。

（3）儿童类书籍插图设计。

儿童稚嫩的观察力和思维力，使他们对特征突出、形式简洁、具有趣味性和故事性的插图形象更感兴趣。儿童类书籍插图设计应遵循鲜明、夸张、简洁的原则，使儿童在得到视觉满足的同时加深对事物的认知。同时，要从儿童审美心理出发，体会儿童对事物的心理感受，这样才能更加契合儿童的审美标准，设计的插图才能将知识性、趣味性、艺术性完美统一。另外，儿童书籍插图需要通过各种有效手段，如场景氛围的营造、色彩的运用、材料的多样化、互动手法来增强插图的画面感染力。一般来说幼儿刊物封面色彩的运用，要充分考虑这个年龄段的幼儿心理及生理情况，针对幼儿单纯、天真、可爱的特点，色彩往往鲜明、突出、醒目。儿童类书籍趣味插图与书籍立体结构结合，可以达成非常有趣的互动画面，同时刺激儿童敏锐的观察力，引发儿童对事物的好奇和探索，如图4-33和图4-34所示。

图 4-32 科技类书籍插图

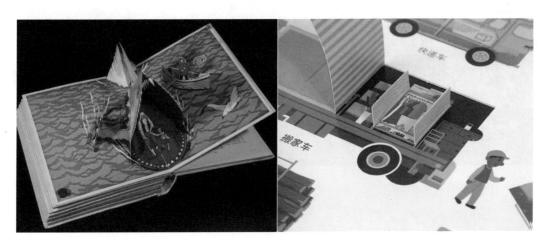

图 4-33 儿童类书籍插图一

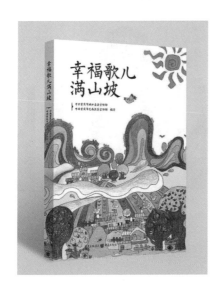

图 4-34 儿童类书籍插图二

3. 书籍插图的表现形式

（1）写实性书籍插图。

写实性书籍插图是插图者对客观对象的写实性表现，它采用写实的摄影和绘画手段，富于感情色彩地表现书籍的特点和内容，使读者通过具体的形象，充分理解书籍的主题内容，引起共鸣。写实性书籍插图强调意念、情感的表达以及个性特征。如图 4-35 所示，时尚杂志《i-D》利用摄影图片渗入创作者的主观意念，使读者产生直观印象而达到创作目的。

（2）抽象性书籍插图。

抽象性书籍插图是指利用抽象图形来表现书籍内容的插图设计方式，常采用点线面构成的几何图形和偶然图形。这种表现手法通常结合肌理纹样表达画面效果，如图 4-36 和图 4-37 所示。

（3）卡通漫画类书籍插图。

卡通漫画类书籍插图是指以轻松、幽默的手法把图形形象做趣味性的夸张而得到的画面，这种表现形式具有亲切感，能增强读者的阅读兴趣，如图 4-38 所示。

  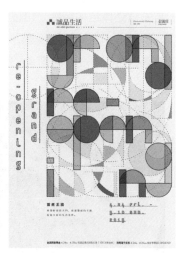

图 4-35　写实性书籍插图　　图 4-36 抽象性书籍插图设计一　　图 4-37　抽象性书籍插图设计二

三、学习任务小结

通过本节课的学习，同学们已经了解了各类型书籍插图的风格定位、创作技巧和表现形式。插图是书籍版面编辑中重要的构成元素之一，书籍中的插图不仅以图像的方式解说文字内容，更以一种图式的视觉逻辑贯穿书籍的整个脉络，从而构成书籍的整体风格。课后，需要大家针对本次学习任务所了解的内容进行归纳、总结，完成相关的作业练习。

图 4-38　卡通漫画类书籍插图设计

四、课后作业

收集 4 种不同类型的书籍，分析其插图的风格定位、创作技巧、表现形式，并制作成 PPT 进行展示与汇报。

项目五

印刷工艺及纸张承印物

印刷方式

教学目标

（1）专业能力：了解常见的印刷方式和印刷原理。

（2）社会能力：能通过案例分析与讲解，提升学生的表达与交流能力。

（3）方法能力：能欣赏和品评案例，提高品鉴能力和归纳、分析的能力。

学习目标

（1）知识目标：掌握常见印刷方式的印刷原理。

（2）技能目标：能分析常见印刷方式所呈现的视觉特点和应用类别。

（3）素质目标：能通过实地参观，提升专业兴趣，提高印刷制作能力。

教学建议

1. 教师活动

（1）教师前期收集有关印刷方式的各类素材，运用多媒体课件、教学视频等多种教学手段，进行知识点讲授和作品赏析。

（2）深入浅出地引导学生对印刷案例进行分析并讲解个人的思考见解，鼓励学生积极表达自己的观点。

（3）引导学生在实践中探索、了解传统印刷方式和现代印刷方式的特点。

2. 学生活动

（1）认真听课，观看案例作品，加强对印刷方式的感知，学会欣赏，积极大胆地表达自己的看法，与教师进行良好的互动。

（2）认真观察与分析，对传统工艺饱含学习热情，对现代印刷方式进行深入研究探索，学以致用，加强实践与总结。

一、学习问题导入

书籍装帧设计包含两个阶段，即方案设计阶段和实物印刷阶段。在完成书籍的方案设计后，就进入实物印刷阶段，通过纸张、各种承印物和印刷工艺，将书籍设计方案转化为物质形态的书籍。

印刷术是我国古代四大发明之一，在我国五千年的历史长河中，较为有名的印刷术是雕版印刷术和活字印刷术。雕版印刷术发明于唐朝，并于唐朝中后期在民间被广泛使用。雕版印刷的版料，一般选用纹质细密坚实的木材，如枣木、梨木等。制作时先把木材锯成一块块木板，把要印的字写在薄纸上，反贴在木板上，再根据每个字的笔画，用刀一笔一画地雕刻成阳文，使每个字的笔画凸出于板上。木板雕好后，就可以印书，如图5-1和图5-2所示。

图 5-1　木板雕刻文字

图 5-2　雕版印刷

宋朝仁宗时毕昇发明了活字印刷术。毕昇用胶泥制成阳文反文字坯，刻字后用火烧成陶制活字，放入木格中。印刷时按照稿件把单字挑选出来，按顺序排列在字盘内，涂墨印刷，印完后再将字模拆出，留待下次排印时再次使用，如图5-3和图5-4所示。活字印刷术是印刷工艺的一场革命，并由蒙古人传至欧洲，因此后人称毕昇为印刷术的鼻祖。

图 5-3　活字印刷术一

图 5-4　活字印刷术二

印刷术是人类近代文明的先导，为知识的传播、交流创造了条件。我国印刷术先后流传到朝鲜、日本、中亚、西亚和欧洲地区，作为中国古代的重要发明之一，为促进世界文化的交流与发展产生了重要的作用和深远的影响。

二、学习任务讲解

印刷工作是通过印刷机印刷出成品的过程。现在常用的印刷方式主要有平版印刷、凸版印刷、凹版印刷、丝网印刷和数字印刷。

1. 平版印刷

平版印刷又称为胶版印刷，属于间接印刷方式。这种印刷方式的图文和空白部分在同一平面上，印刷原理是利用水油相拒的原理将印刷版面湿润，然后涂墨，印版表面的图文部分形成亲油基，空白部分形成亲水基。印刷时，图文部分亲墨拒水，空白部分亲水拒墨，印刷后得到印迹清晰的图像，如图 5-5 ～图 5-7 所示。

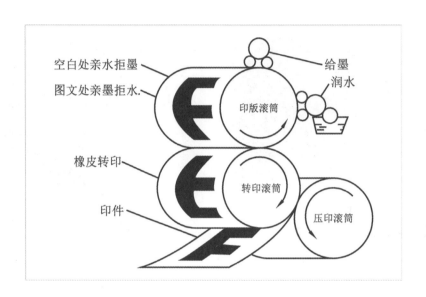

图 5-5　平版印刷原理

图 5-6　多色平版印刷机

图 5-7　小幅面平版印刷机

平版印刷是现代最主要的印刷工艺。这种印刷方式的优点是制版简便，印刷速度快，生产效率高，成本低廉，图文准确而精细，层次丰富，图像、色彩的还原性好，适合彩色图版印刷，并可以承印大数量的印刷品。缺点是印刷物往往缺乏鲜艳度，色调呈现能力较弱，通常使用红、黄、蓝、黑四个分色版进行套印。平版印刷常用于书籍刊物、报纸、画册、招贴画、挂历、地图等印刷物。

2. 凸版印刷

凸版印刷方式历史悠久，我国古代发明的雕版印刷术和活字印刷术都属于凸版印刷。凸版印刷属于直接印刷，印刷版面直接接触承印物表面。凸版印刷是墨辊首先滚过印版表面，使油墨黏附在凸起的图文部分，然后承印物和印版上的油墨相接触，通过压力作用，使图文信息转移到承印物表面的印刷方法，如图5-8～图5-11所示。

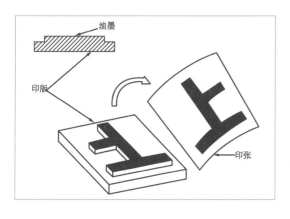

图 5-8　凸版印刷结构图

图 5-9　凸版印刷示意图

图 5-10　普通凸版印刷机

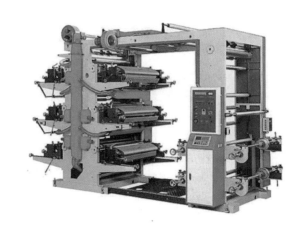

图 5-11　六色凸版印刷机

　　凸版印刷的优点是耐印力高，适合小批量印刷，印刷清晰，色调鲜艳，油墨附着力强，可对不同材料、不同质量、不同厚度、不同规格的承印材料进行印刷。缺点是成本较高，不适合大版面、大批量彩色印刷。凸版印刷常用于名片、信封、请柬、表格等，还适用于印胶袋、大小塑胶包装等印刷物，如图5-12和图5-13所示。

图 5-12　凸版印刷品一

图 5-13　凸版印刷品二

3. 凹版印刷

凹版印刷也属于直接印刷方式。凹版印刷的印版、印刷部分低于空白部分，凹陷程度随图像的层次表达出不同的深浅，印纹层次越暗，其凹陷程度越深。在印刷过程中，先在整个印版表面涂上油墨，再把版面擦干净，油墨就留在了印版的凹陷部分，将纸张压印在印版上，油墨也随之转印到纸张上，如图 5-14 ～图 5-16 所示。

凹版印刷的优点是墨色表现力强，印刷质量高，用模量大，图文具有凸感，色调丰富，图像细腻，适合于单色图像印刷，能满足特殊要求的印刷，且具有较好的防伪效果，线条的粗细及油墨的浓淡层次在刻版时可以任意控制，不易被模仿和伪造。凹版印刷的缺点是由于制版工艺复杂，制版印刷费高，所以不适合印量小的印刷品。凹版印刷常用于钞票、证券、邮票等一些有特殊要求的印刷品，如图 5-17 和图 5-18 所示。

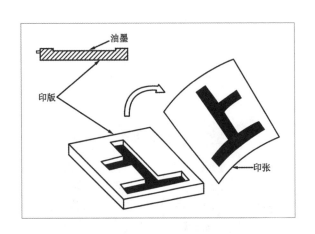

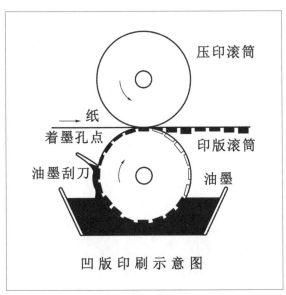

图 5-14　凹版印刷结构图　　　　　　　　　　　图 5-15　凹版印刷示意图

图 5-16　凹版印刷机

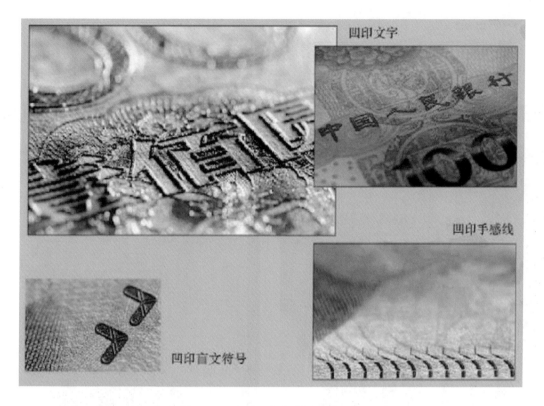

凹印文字

凹印手感线

凹印盲文符号

图 5-17　使用凹版印刷的人民币一

4. 丝网印刷

丝网印刷又称孔板印刷，它的图文印刷部分是由孔洞组成的。丝网印刷的基本原理是丝网印版（版基上制作出可通过油墨的孔眼）图文部分网孔透油墨，非图文部分网孔不透墨。印刷时在丝网印版一端倒入油墨，用刮板从印版的油墨一端向印版另一端移动，油墨在移动中被刮板从图文部分的网孔中挤压到承印物上，如图 5-19 和图 5-20 所示。

图 5-18　使用凹版印刷的人民币二

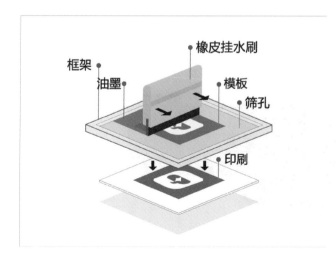

框架　　　橡皮挂水刷

油墨　　　　模板

筛孔

印刷

图 5-19　丝网印刷示意图

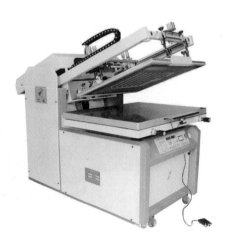

图 5-20　丝网印刷机

丝网印刷的优点是油墨浓厚、覆盖力强、色调艳丽。丝网印刷版面柔软有弹性，压印力小，可应用于任何材质印刷及所有立体形面印刷。缺点是印刷速度慢、生产量低，不适合大批量印刷。丝网印刷常用于书籍封面、名片、商品标牌、印染纺织品、玻璃及金属等印刷物，如图 5-21 和图 5-22 所示。

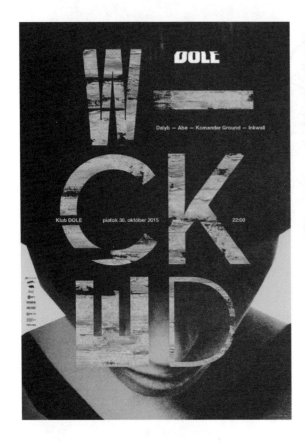

图 5-21　丝网印刷作品一　　　　　　　　　　　图 5-22　丝网印刷作品二

5. 数字印刷

数字印刷是将数字化的图文信息直接记录到承印物上。数字印刷需要经过原稿的分析与设计、图文信息的处理、印刷、印后加工等过程，减少了制版过程。数字化印刷模式相对于传统印刷模式来说，两者输出的方式不一样，传统印刷是将图文信息输出记录到软片上，而数字印刷则是将数字化的图文信息直接记录到承印物上，如图 5-23 所示。

5-23　数字印刷机

数字印刷直接从计算机印前系统接收数字信息，简化了工艺流程，提高了生产效率，在印刷机上直接成像，无须印版和胶片，节省了印刷材料，降低了成本。印刷过程中可随时改变印刷版式、印刷内容和印刷尺寸，可以选择不同材质的承印物，还可以通过网络将数字信息传递到异地进行印刷。由于无须制版，数百份以内的数字印刷品成本比传统印刷低，实现了快速、实用、精美而经济的印刷效果。数字印刷常用于各类出版物、包装及其他印刷品的印刷，如图 5-24 所示。

图 5-24　采用数字印刷的宣传册

三、学习任务小结

通过本节课的学习，同学们了解了常见的几种印刷方式，即平版印刷、凸版印刷、凹版印刷、丝网印刷、数字印刷，以及每种印刷方式运用的印刷原理和呈现效果。课后，同学们可以通过实地参观加深对印刷方式的认识。并通过鉴赏印刷作品，提高自己对印刷技术的理解。

四、课后作业

以小组形式赴印刷厂或工作室实地参观与调研，选取一种印刷方式作为汇报主题，以"制作前期—制作中—制作成果"为轴线拍摄照片或视频，并附上小组成员的心得体会，以 PPT 形式完成作业汇报。

学习任务 二 印后工艺

教学目标

（1）专业能力：了解常见印后工艺，在设计过程中融入对印后工艺的思考。

（2）社会能力：能通过对印刷品案例的分析与讲解，提高学生的表达与交流能力。

（3）方法能力：能欣赏和品评印后工艺案例，提高品鉴能力和归纳、分析的能力。

学习目标

（1）知识目标：掌握印后工艺在平面设计中常见的表现形式。

（2）技能目标：掌握常见的印后工艺所呈现的视觉特点和应用类别。

（3）素质目标：能通过鉴赏优秀的印后工艺作品，提升专业兴趣。

教学建议

1. 教师活动

（1）教师前期收集优秀印后工艺作品，运用多媒体课件、教学视频等多种教学手段，进行知识点讲授和作品赏析。

（2）深入浅出地引导学生对印刷品案例进行分析并讲解个人的思考见解，鼓励学生积极表达自己的观点。

2. 学生活动

认真听课，观看作品，加强对印后工艺的感知，学会欣赏，积极大胆地表达自己的看法，与教师进行良性互动。

一、学习问题导入

　　印后工艺是印刷流程中最后一个环节，是印刷机印刷出来的印张经过再加工后达到客户要求的重要过程。书籍封面、宣传页、贺卡和产品包装这些印刷产品通过使用印后工艺，呈现出独特的设计效果，带给消费者全新的视觉和触觉体验，如图5-25～图5-34所示。

图5-25　书籍装帧一

图5-26　书籍装帧二

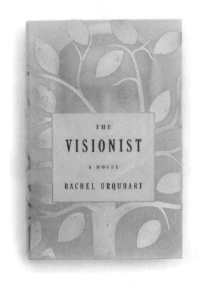

图5-27　书籍装帧三

图5-28　书籍装帧四

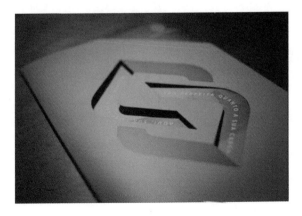

图5-29　宣传页封面一

图5-30　宣传页封面二

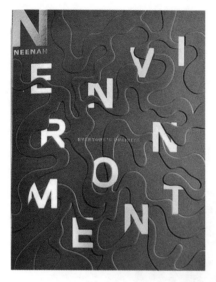

图 5-31 书籍封面设计

图 5-32 折页设计

图 5-33 卡片设计

图 5-34 包装设计

二、学习任务讲解

　　印刷设计的后期工艺可以提高印刷品的档次，是平面设计师应该掌握的技术知识。通过详细了解后期工艺，可以使设计师在设计样本、画册等印刷品时能更好地预见成品效果。印刷后期工艺种类繁多，主要有 UV 上光、烫印（金、银）、凹凸印刷、模切印刷、覆膜印刷、刷边印刷等。

1.UV 上光工艺

　　UV 上光工艺又称紫外线上光，是指将光胶满版或局部固化在印刷品表面的特殊工艺。这种工艺的特点是能够在印刷品表面起到良好的保护作用，上光后能使印刷品表面非常光亮、平滑，折光效果使图文产生强烈的立体感，色彩更加鲜艳，能让印刷品呈现多种艺术效果，更显精美。常用的是局部 UV 上光，用于需要特别强调的部位，使该部位更加立体化、视觉效果更强。UV 上光工艺被广泛用于书籍、画册、包装纸盒等印刷品的表面加工，如图 5-35 ~图 5-38 所示。

图 5-35　采用 UV 上光工艺的书籍封面一

图 5-36　采用 UV 上光工艺的书籍封面二

图 5-37　采用 UV 上光工艺的包装盒设计

图 5-38　采用 UV 上光工艺的名片设计

2. 烫印（金、银）工艺

　　烫印（金、银）工艺是指借助于一定的压力和温度使金属箔烫印到印刷品上的加工方式，主要用于烫印图案、文字及线条。这种工艺可突出印刷品质并能提升档次，常用于精装书籍封面、贺卡、挂历、包装等产品的印后加工，如图 5-39 ～图 5-46 所示。

图 5-39　采用烫印（金、银）工艺的书籍封面

图 5-40　采用烫印（金、银）工艺的新年贺卡

图 5-41　采用烫印（金、银）工艺的月历一　　　　　图 5-42　采用烫印（金、银）工艺的月历二

图 5-43　烫印（金、银）工艺生产过程一　　　　　图 5-44　烫印（金、银）工艺生产过程二

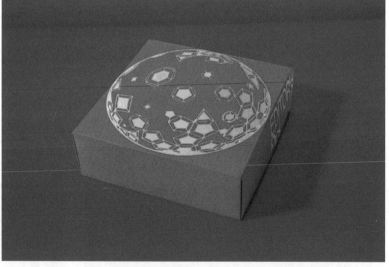

图 5-45　采用烫印（金、银）工艺的新婚请柬　　　　图 5-46　采用烫印（金、银）工艺的中秋礼盒

3. 凹凸印刷工艺

凹凸印刷工艺是利用模板通过机器压力作用，将原稿中的文字、图形制作成具有凸起或凹陷的浮雕状的图案。这种工艺立体感强，配合烫金、局部 UV 等工艺，印刷效果会更佳，如图 5-47 ～图 5-52 所示。

图 5-47　采用凹凸印刷工艺的婚礼请柬一

图 5-48　采用凹凸印刷工艺的婚礼请柬二

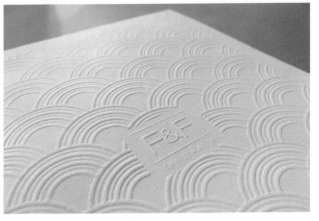

图 5-49　采用凹凸印刷工艺的书籍装帧一

图 5-50　采用凹凸印刷工艺的书籍装帧二

图 5-51　采用凹凸印刷工艺的书籍装帧三

图 5-52　采用凹凸印刷工艺的书籍装帧四

4. 模切印刷工艺

模切印刷工艺是利用钢刀、钢线排列成模板，在压力作用下将印刷品加工成所要求的形状的工艺。这种工艺可以制作异形，增强实物表现力，表现效果佳，可用于制作礼盒、请柬、商标等印刷艺术品，如图 5-53 ～图 5-58 所示。

图 5-53　采用模切印刷工艺的婚礼请柬一

图 5-54　采用模切印刷工艺的婚礼请柬二

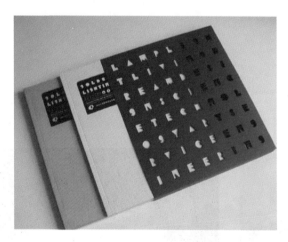
图 5-55　采用模切印刷工艺的书籍装帧一

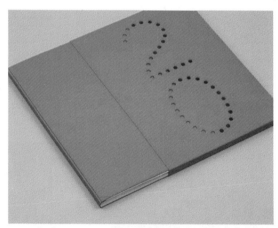
图 5-56　采用模切印刷工艺的书籍装帧二

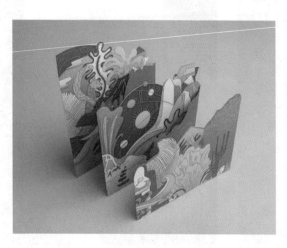
图 5-57　采用模切印刷工艺的 CD 封套设计

图 5-58　采用模切印刷工艺的月历设计

5. 覆膜印刷工艺

覆膜印刷工艺是印后工艺中一种表面装饰加工工艺。它是在印刷后在印品纸张表面用覆膜机覆盖一层透明塑料薄膜，形成纸、塑合一的印刷品加工技术。覆盖的薄膜分为光膜和亚膜，覆光膜的产品表面亮丽、表现力强，多用于产品类印刷品。覆亚膜的产品表面光感不高，饱和度略微下降，呈现出高雅感，多用于形象类印刷品，如图 5-59 ～图 5-61 所示。

图 5-59 覆膜印刷工艺

图 5-60 采用覆膜印刷工艺的书籍装帧

图 5-61 采用覆膜印刷工艺的商业手册

6. 刷边印刷工艺

刷边印刷工艺是在纸的边缘刷一层颜色，适用于厚度较大的纸张，能够呈现出多彩的视觉效果，如图 5-62 和图 5-63 所示。

关于印后工艺，在具体工作中应根据项目特点灵活使用。如高端沉稳的住宅项目广告可以用烫印（金、银）

工艺来增加印刷品的品质；丰富多彩的商业项目广告可以用模切印刷工艺来制作异形物料；写字楼等商务项目广告可以用 UV 上光工艺来体现物体的金属感和商务特性。此外，印刷工艺在制作过程中还需要和纸张承印物相互配合，相同的印后工艺在不同的纸张、颜色、纹理、厚度等条件下效果会有很大差别。印后工艺与纸张承印物配合相宜，会使印刷物品质得到应有的提升。

图 5-62　采用刷边印刷工艺的名片设计一

图 5-63　采用刷边印刷工艺的名片设计二

三、学习任务小结

通过本节课的学习，同学们了解了常见的几种印后工艺，包括 UV 上光、烫印（金、银）、凹凸印刷、模切印刷、覆膜印刷、刷边印刷等。每种印后工艺运用的材料和制作的程序不同，呈现出不同的视觉效果和触觉效果，好的印后工艺可以让平面设计作品提升价值，呈现更好的艺术效果。课后，同学们要收集更多优秀的印后工艺案例，深入挖掘作品的实用价值和文化内涵，全面提高自己的设计和理解能力。

四、课后作业

（1）以小组形式收集 10 幅优秀的印后工艺作品进行赏析，每幅撰写 200 字左右的赏析文字，并以 PPT 的形式完成作业。

（2）以小组形式赴印刷厂实地参观与调研，观察书籍或产品包装印后的工艺制作，选取 1 ～ 2 个作品作为汇报主题，从"工艺和纸质承印物"的角度拍摄照片或视频，并附上小组成员的心得体会，以 PPT 形式完成作业汇报。

学习任务 三 纸张承印物

教学目标

（1）专业能力：了解常用纸张的性能和类型，熟悉特殊承印物的分类和材质特性。

（2）社会能力：能将书籍设计与纸张承印物相结合，培养学生敏锐的观察力，独立的思维习性，提升人际交流的能力。

（3）方法能力：熟悉纸张承印物的特点，了解不同材质的作用。培养学生自我学习能力、材质收集分析的能力、归纳总结提升的能力。

学习目标

（1）知识目标：了解纸张分类和纸张规格，以及特殊承印物的材质特征。

（2）技能目标：能够快速分辨出纸张的类型、规格，以及特殊承印物印刷的要点。

（3）素质目标：具备一定自我学习的能力、沟通表达的能力、善于敏锐观察的能力。

教学建议

1. 教师活动

（1）教师通过对书籍印刷中不同纸张类型展示和分析，让学生对印刷纸张和特殊材质有了更加直观的感受，从而引发学生对纸张承印物知识的学习兴趣。

（2）教师通过列举当下市场主流的印刷纸张和材质，进行规格和特点的分析，引导学生将不同的印刷纸张和材质进行对比，总结出相同点和不同点。

（3）教师带领同学观看印刷工艺的视频，更加深入掌握印刷纸张和材质的特性，进一步了解印刷工艺流程。

2. 学生活动

在教师的指导下，对市场上不同纸张的类型、尺寸、克数进行分析，并对其他材质的承印物的特性进行分析探讨。

一、学习问题导入

通过之前的学习，大家对印刷工艺的流程有了一定的了解。本次学习任务主要学习纸张承印物，了解书籍印刷中纸张的类型和特点，以及其他特殊材质的性能。只有了解了工艺印刷的流程及印刷纸张和材质的特点，才能更好地对书籍进行装帧设计，制作出更多优秀的书籍装帧设计作品。如图 5-64 ~ 图 5-67 所示是纸张书籍和其他材质的书籍作品，大家分析一下这些书籍各自的特点。

图 5-64　常规纸张书籍

图 5-65　牛皮纸材质书籍

图 5-66　亚克力书籍封面

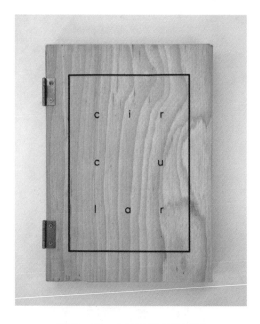

图 5-67　木头材质书籍封面

二、学习任务讲解

纸张承印物不仅是书籍内涵、文化精神的载体，也是能够接受油墨或吸附色料并呈现图文等信息的一种物质载体。选择合适的承印物对书籍的作品风格和生产工艺流程的实施，以及印刷的最终效果有着直接的影响。因此，对于书籍印刷品来说，承印物材质的选择非常重要。

1. 常用印刷纸张类型

纸张是书籍印刷最主要的承印物。印刷常用纸张用途、品种及规格比较多，根据其要求和印刷方式的不同，需要根据用途和印刷工艺要求及特点来选用相应的纸张。

（1）凸版纸。

凸版纸是凸版印刷书籍、杂志的主要用纸。凸版纸按纸张用料成分配比的不同可分为 1 号、2 号、3 号和 4 号四个级别。纸张的号数代表纸质的优劣程度，号数越大，纸质越差。凸版纸主要供凸版印刷机使用。凸版纸具有质地均匀、不起毛、略有弹性、不透明、稍有抗水性能、有一定的机械强度等特性，如图 5-68 和图 5-69 所示。

图 5-68　凸版纸书籍一

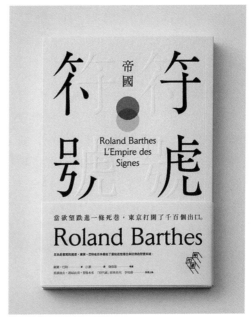

5-69　凸版纸书籍二

（2）哑粉纸。

哑粉纸经粉面涂布处理，反光较弱，适用于古画、国画等雅致柔和的作品，但由于其表现纹理疏松，墨色容易脱落，因此不适合印刷大面积深色，否则会使颜色难以干透，造成相邻页面颜色的污染，如图 5-70 所示。

图 5-70　哑粉纸材质

（3）胶版纸。

胶版纸主要供平版（胶印）印刷机或其他印刷机印制较高级的彩色印刷品，如彩色画报、画册、宣传画、彩印商标及一些高级书籍，以及书籍封面、插图等。胶版纸分为特号、1号和2号三种，有单面和双面之分，以及超级压光与普通压光两个等级。胶版纸伸缩性小，对油墨的吸收性均匀，平滑度好，质地紧密、不透明，白度好，防水性能强，如图5-71所示。

（4）铜版纸。

铜版纸又称为涂料纸，是在原纸上涂布一层白色浆料，经过压光制成的。纸张表面光滑，白度较高，纸质纤维分布均匀，厚薄一致，伸缩性小，有较好的弹性和较强的防水性能，对油墨的吸收性与接收状态良好。铜版纸主要用于印刷画册、封面、精美的产品样本等色彩要求较高的书籍，如图5-72和图5-73所示。

（5）书面纸。

书面纸也称书皮纸，是印刷书籍封面用的纸张。书面纸造纸时加了颜料，有灰、蓝、米黄等颜色，如图5-74所示。

（6）压纹纸。

压纹纸是专门生产的一种封面装饰用纸，纸的表面有不十分明显的花纹，颜色分灰、绿、米黄和粉红等色，一般用来印刷单色封面。压纹纸性脆，装订时书脊容易断裂。印刷时纸张弯曲度较大，进纸困难，影响印刷效率，压纹纸材质如图5-75所示。

（7）字典纸。

字典纸是一种高级的薄型书刊用纸，纸薄而强韧耐折，纸面洁白细致，质地紧密平滑，稍微透明，有一定的防水性能。字典纸主要用于印刷字典、经典书籍等页码较多、便于携带的书籍，如图5-76所示。

（8）毛边纸。

毛边纸纸质薄而松软，呈淡黄色，没有防水性能，吸墨性较好。毛边纸只宜单面印刷，主要用于古装书籍印刷，如图5-77所示。

图 5-71　胶版纸材质

图 5-72　铜版纸材质一

图 5-73　铜版纸材质二

图 5-74　书面纸材质

图 5-75　压纹纸材质

图 5-76　字典纸材质

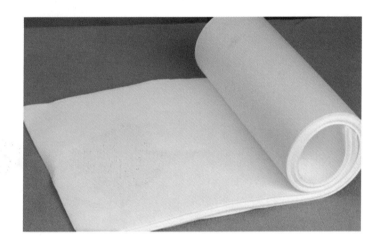

图 5-77　毛边纸材质

（9）硫酸纸。

硫酸纸薄而有韧性，透明性强，纸质坚韧、紧密，在书籍装帧中用于保护美术作品并起美观作用，常为环衬和扉页用纸，工程制图中也经常用到。在硫酸纸上烫金、烫银或印制单色图文，别具一格，在高档画册中较常用，如图 5-78 和图 5-79 所示。

图 5-78　硫酸纸材质一

图 5-79　硫酸纸材质二

（10）白板纸。

白板纸伸缩性小，有韧性，折叠时不易断裂。在书籍装订中，用于无线装订的书脊和精装书籍的中径纸（脊条）或封面。白板纸有特级和普通、单面和双面之分，按底层分为灰底与白底两种，如图5-80所示。

2. 特殊材料

多样化的装帧材料赋予书籍多层次的艺术效果，每种材料都有其独特的表现力。书籍装帧采用的材料还有纺织布料、皮革、木材、化纤、塑料等。

（1）皮革材料。

皮革具有美观的纹理和深沉的色泽，是一种昂贵的封面设计材料，能够有效地提升书籍的品位。但是皮革材料的书籍制作工艺相对复杂，所以一般只用于珍藏的精美版本或高档礼品图书。

各种皮革都有自身的特点，猪皮的皮纹比较粗糙，显得粗犷有力；羊皮较为柔软细腻，但容易磨损；牛皮质地坚硬，韧性好，可用于较大开本的设计。优质的皮革凭借自身的纹理及色泽，辅以凹印、烫印等印刷工艺，展现出视觉及触觉的多方位对比，极为出彩。还有一类人造皮革（PU皮），价格便宜，加工方便，运用也很广泛。皮革材料如图5-81和图5-82所示。

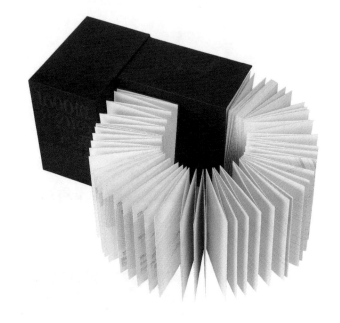

图 5-80　白板纸材质

图 5-81　运用皮革材料的书籍一

图 5-82　运用皮革材料的书籍二

（2）木质材料。

木质材料价格相对较高，加工复杂，但在书籍封面设计的效果呈现上具有无与伦比的表现力。竹木是中国早期主要的文字载体，对于书籍文化底蕴的传达，木质材料有超强的表现力，给人一种自然、稚拙、粗犷的视觉感受。当前的书籍装帧设计中涌现了不少运用木质材料的优秀作品，如图5-83和图5-84所示。

图 5-83 运用木质材料的书籍一

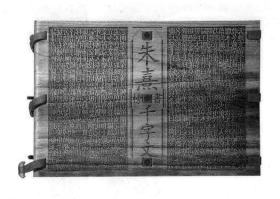

图 5-84 运用木质材料的书籍二

（3）金属材料。

贵重金属材料在传统的古代欧洲书籍装帧设计中使用较多，并与宝石等材料一起使用。在现代书籍设计中，通过进行现代加工以及切割技术的运用，创造了更加丰富的色泽肌理和形态变化，为书籍带来了新的时代美感，如图 5-85 所示。

（4）新兴材料。

随着工艺及技术的发展，设计师在书籍装帧设计中对各种新兴的材料进行了大胆的尝试，有塑料、纤维材料、复合材料等。新材料往往在韧性、可塑性、透明度、光泽、肌理等方面展示出独特的优势，大大地丰富了书籍装帧设计形式，如图 5-86 ~ 5-88 所示。

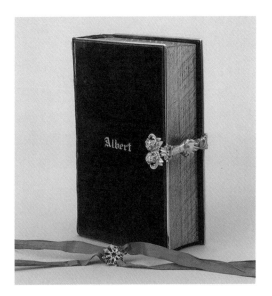

图 5-85 运用金属材料的书籍

图 5-86 运用塑料的书籍一

图 5-87 运用塑料的书籍二

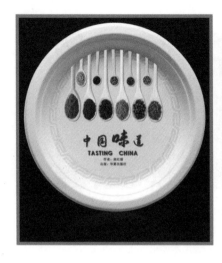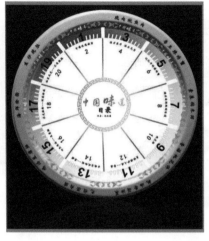

图 5-88　运用复合材料的书籍

三、学习任务小结

通过本节课的学习，同学们已经了解了纸张承印物的分类和特点，对特殊承印物的材质特征也有了更为详细的了解。课后，大家要多收集不同纸张、材质的承印物，并对其种类、特征、艺术表现效果进行分析，为今后书籍装帧设计中的材料选取储备素材。同时，逐步提升书籍装帧设计水平。

四、课后作业

前往纸材市场及印刷工厂了解对比纸张的种类、特点、开本、克数；对特殊承印物的材质进行分析对比，找出各自具有的特点，做成 PPT。

项目六

优秀书籍装帧
设计案例赏析

教学目标

（1）专业能力：能对书籍装帧设计作品进行分析与评价。

（2）社会能力：通过学习能设计出美观且有效传达信息的书籍排版。

（3）方法能力：设计分析能力、设计鉴赏能力。

学习目标

（1）知识目标：能赏析优秀书籍装帧设计作品。

（2）技能目标：能分析优秀书籍装帧设计作品的特色和亮点。

（3）素质目标：提高信息收集、整理、分析能力。

教学建议

1. 教师活动

（1）通过分析优秀书籍装帧设计作品，让学生了解书籍装帧设计的方法和技巧。

（2）通过鉴赏优秀书籍装帧设计作品，让学生认识书籍装帧设计的创意性、创新性表现形式。

2. 学生活动

针对教师提供的优秀书籍装帧设计作品进行分析和鉴赏。

一、学习问题导入

本次学习任务主要学习如何赏析优秀的书籍装帧设计作品。通过学习和借鉴优秀的书籍装帧设计作品的设计创意和表现形式，提高同学们的专业审美眼光和专业鉴赏能力。

二、学习任务讲解

1. 著名书籍装帧设计师作品赏析

（1）杉浦康平设计作品赏析。

杉浦康平1930年生于日本东京，是近代平面设计大师、书籍装帧设计大师。他以独特的方法论将意识领域形象化，对书籍装帧设计创作产生较大影响。杉浦康平的书籍装帧设计一直走在世界的前沿，他对于每本书和杂志的设计，都像是在对一个立体空间进行剖析。就如他的名言："一本书不是停滞某一凝固时间的静止生命，而应该是构造和指引周围环境有生命的元素。"在对事物的观察上，他更是极具创意地提出了"五感世界"的理念，指出设计并不是单一的视觉问题，而是人全身心的感觉的创造活动。

杉浦康平将西方规范化的编辑排版方式与东方神秘的混沌理论意识相结合，他曾经说过他的设计是"悠游于秩序与混沌之间"。如他在《银花季刊》杂志上的封面设计便是对这一排版方式最好的阐述，在整个版面的中心插入一张图片，其面积占整个版面的三分之一，给读者以更直观的视觉冲击，文字的编排是在网格基础上融汇传统日文的竖排格式，跳跃似地分布在中心图片四周，使得画面更加具有活力和朝气，如图6-1所示。

图6-1 《银花季刊》杂志

杉浦康平在设计中对于颜色的运用继承和弘扬了日本浮世绘的设计风格，鲜明的颜色对比，独具特色的排版样式，让读者眼前一亮，给人活泼明朗却又耐人寻味的深刻印象。例如在《传闻的真相》中，他大面积地使用黄色作为背景色，而与此同时又将字体的颜色定为明度较低的红色和蓝色。画面中色彩对比巧妙地交织，让整个画面效果变得活泼、生动，如图 6-2 所示。杉浦康平还善于利用抽象构成的点线面和传统装饰图案进行书籍封面设计，如图 6-3 和图 6-4 所示。

图 6-2　《传闻的真相》　　　　　　　　　　图 6-3　采用点构成的封面设计

图 6-4　运用中国传统年画图案进行封面设计

（2）西摩·切瓦斯特设计作品赏析。

西摩·切瓦斯特是美国观念形象设计的代表人物之一，他的设计理念及其设计作品所取得的成就，对当代平面设计界产生了深远的影响。纵观切瓦斯特的设计作品，可以看到他在平面设计作品里注重个人观念的表达，追求艺术设计作品的自由性。他关心的焦点是如何把个人独特的风格和具有视觉传达功能的设计结合在一起。他的作品通俗易懂，常常以幽默、活泼的形式来表现画面。线描和色彩平涂是其平面设计作品中十分常见的创作手法，他还擅长运用颇具美国式幽默的色彩风格，同时，热衷于混合各种不同的媒介来表现作品主题，以达到特殊的视觉效果。

《消除口臭》是西摩·切瓦斯特在 1968 年设计的反战海报，反对美国在越南战争中对河内进行轰炸。这幅海报以浓郁的色彩、简洁的标语、漫画的形式来表现反战主题。仔细观察会发现海报里男子口中描绘的正是飞机轰炸的战争场面，而标语"End Bad Breath"中的"Bad Breath"在英文中是"口臭"的意思，以"消除口臭"来影射"反对战争"，传递热爱和平的愿望。海报以标志美国的"星条旗"为背景，以此来讽刺美国对越南的无理干涉，并激发美国民众考虑受战争侵袭的越南人民的感受，从中可以看出西摩·切瓦斯特作为一名艺术家其热爱民主、和平的人文主义情怀，如图 6-5 所示。

西摩·切瓦斯特还善于运用卡通化的漫画造型表现画面，他在设计手法上并不是简单地进行删除或拼凑，而是把握住主题，将主题元素在形式上进行缜密的简化和抽象，通过卡通化的漫画造型来表现主题思想。他的设计作品幽默、诙谐、轻松、愉快，创作手法多样，并且都有一个共性，就是以卡通化的漫画造型来表达个人观念，将观念与形象融合。在题材上，西摩·切瓦斯特广泛地运用日常生活中的符号，将生活中的价值观念体现在创作构思中，具有浓郁的生活气息。在形式语言上，他以其丰富的阅历、卡通的形式表达深刻的内涵，其独特的创作手法打破了当时刻板、机械的设计面貌，实现了设计作品的内涵价值，如图 6-6 和图 6-7 所示。

图 6-5 《消除口臭》海报　　　　图 6-6 西摩·切瓦斯特设计作品一　　　图 6-7 西摩·切瓦斯特设计作品二

（3）靳埭强设计作品赏析。

靳埭强 1942 年生于广东番禺，是著名的国际平面设计大师，国际平面设计联盟 AGI 会员。靳埭强的设计作品主张把中国传统文化的精髓与西方现代设计的理念相结合。例如其设计的中国银行的标志，整体简洁流畅，极富时代感，标志内又包含了中国古钱图案，暗合天圆地方之意。中间一个巧妙的"中"字凸显中国银行的招牌。这个标志可谓是靳埭强融贯东西方理念的经典之作，如图 6-8 所示。

靳埭强自幼研习书法和绘画，对书法、中国画有深入研究，其设计作品常参考行草书法的结构，讲究行云流水的笔法和意境，远看气势磅礴，近观峰回路转，极具水墨韵味和艺术魅力，表现出一种沉静、空灵之感，如图 6-9 和图 6-10 所示。

图 6-8　中国银行标志设计　　　　　　　　　　　　　　　图 6-9　靳埭强设计作品一

图 6-10　靳埭强设计作品二

（4）吕敬人设计作品赏析。

吕敬人 1947 年生于上海，后进入中国青年出版社美术编辑室担任美术编辑工作，历任美编主任、美术副编审，中国美术家协会会员，中国美协插图装帧艺委会会员。吕敬人注重书籍装帧的创意设计，但强调设计不凌驾于文本之上，并希望能和文字作者共同来塑造一本书。在他看来，一本书其实是作者、设计师、编辑、出版人以及工艺技术人员共同塑造的系统工程。书的语境需要共同来创造，设计师要有一个主导的观念，要懂得书籍有其自身的语言，同时通过这些语言来组合成设计，吕敬人设计作品如图 6-11 和图 6-12 所示。

图 6-11　吕敬人设计作品一　　　　　　　　　　　图 6-12　吕敬人设计作品二

（5）王志弘设计作品赏析。

　　王志弘是中国台湾著名新生代平面设计师，AGI 国际平面设计协会会员，1975 年生于台北。2000 年开始以个人工作室承接设计项目，其作品以平面设计为主，领域涵盖书籍装帧设计、电影海报设计、产品包装设计等。他的书籍装帧设计作品将东西方文化有机结合，在现代构成主义风格框架内蕴含中国传统文化。他善于运用点线面进行图案和文字设计，他的书籍装帧设计都会巧妙地选择纸张，并通用图形和点状的排版体现画面感，如图 6-13 ~ 图 6-16 所示。

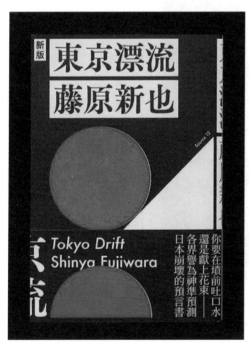

图 6-13　王志弘设计作品一　　　　　　　　　　　图 6-14　王志弘设计作品二

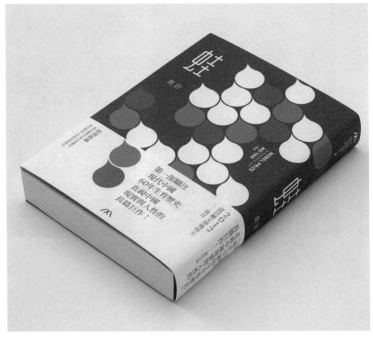

图 6-15　王志弘设计作品三

图 6-16　王志弘设计作品四

2. 优秀书籍装帧设计师作品赏析

优秀书籍装帧设计师作品如图 6-17 ~ 图 6-32 所示。

图 6-17 赏析：本案例在字体设计上采用大小对比的手法，将书名用大号字体编排，其他辅助性文字用小号字体书写，让文字形成主次分明的效果，突出了书名的主体地位。同时，运用色彩对比的手法，将底色设置为深蓝色，书名和图案设置为白色和浅黄色，形成了鲜明的图底关系，让整个书籍封面简洁明了、清晰明快。

图 6-17　《月亮与六便士》书籍装帧设计

图 6-18　同仁堂《减纹润语》书籍装帧设计

图 6-18 赏析：本组案例将字体作为设计元素，使之成为带有肌理效果的背景图案。同时，运用鲜明的红黑色对比强调书名，制造视觉中心，让整个书籍封面形成强烈的装饰感，主次分明，虚实得当。

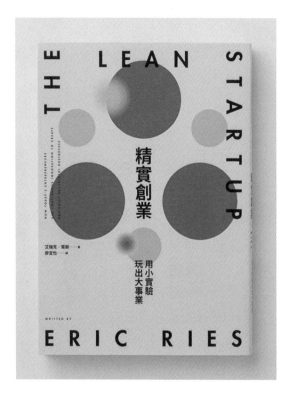
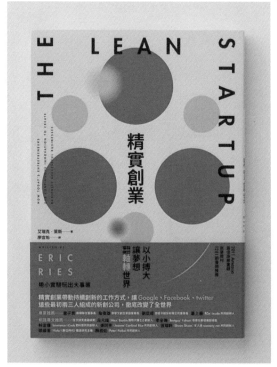

图 6-19 《精实创业》书籍装帧设计

图 6-19 赏析：本组案例采用现代构成主义手法设计版面，将文字和图案分解成点线面抽象元素，并合理地编排在各个区域，形成强烈的节奏感和韵律感，让整个书籍封面简洁、时尚，极具艺术美感。

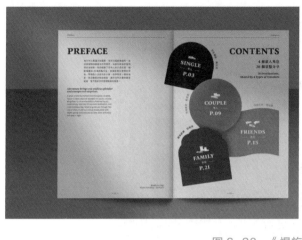

图 6-20 　《慢旅不藏私》书籍装帧设计

图 6-20 赏析：本组案例的封面采用镂空式设计，加强了版面的立体感。色彩以白色和橙色为主调，显得简约、时尚、现代。内页文字、图片的版式设计灵活、自由，运用现代构成主义手法合理地进行布局和规划，形式美感极强，装饰效果突出。

图 6-21 　《宿命》书籍装帧设计

图 6-21 赏析：本组案例的封面设计简洁明了，通过字体的大小变化强化主题，强调了"宿命"的内涵，看似苍白的封面却给人以无限遐想的空间，隐喻了书籍的内容。扉页和封底的设计与封面形成呼应，让书籍的连贯性得到体现。

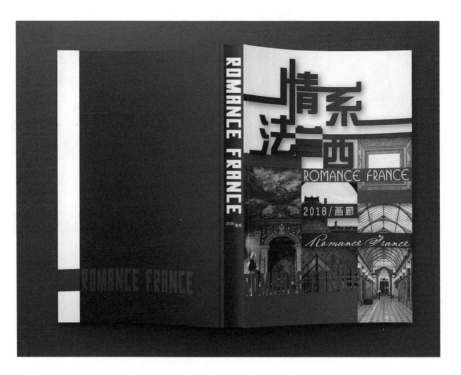

图 6-22 　《情系法兰西》书籍装帧设计

图 6-22 赏析：本案例的封面设计采用法国国旗上的三个色彩，即蓝色、白色和红色，象征自由、平等、博爱。色彩与书籍的主题形成呼应，更好地诠释了主题。整个书籍版面图文并茂，文字与图片相互穿插，形式美感突出。

图 6-23 　《君临天下》书籍装帧设计

图 6-23 赏析：本案例的封面设计采用中国水墨画技法，将文字和图案融入中国画的意境之中，让整个书籍的封面表现出飘逸、灵动的形式美感，传达出浓郁的中国传统文化底蕴。

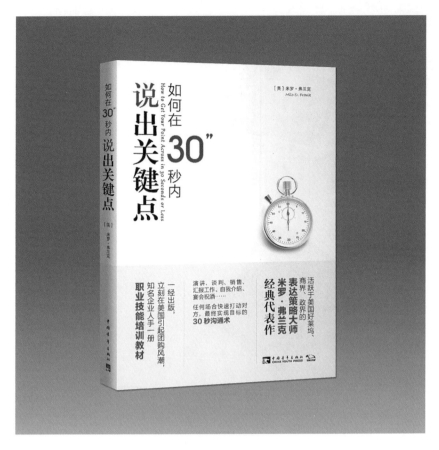

图 6-24 赏析：本案例的封面设计采用留白的设计手法，以文字的大小变化体现画面节奏感和韵律感，重点文字用鲜明的红色突出显示，形成主次关系。整个书籍的封面简洁明了，体现出理智、高效的感觉，与书名高度契合。

图 6-24　《如何在 30 秒内说出关键点》书籍装帧设计

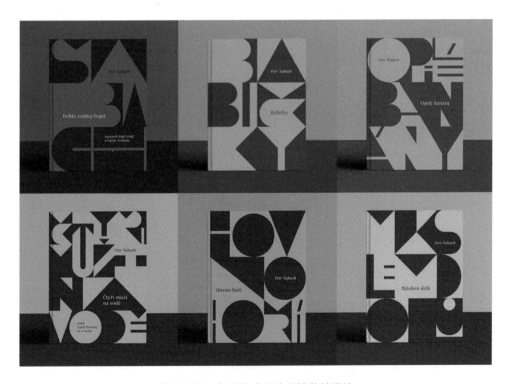

图 6-25　色彩构成手法书籍装帧设计

图 6-25 赏析：本案例的封面设计采用色彩构成的设计手法，每个封面以一个色相作为主色调，通过强烈的明度对比形成层次感和体块感，让书籍封面表现出时尚、前卫的抽象美感。

图 6-26 赏析：本案例的封面设计采用双层的设计样式，在纸质封面的外层增加了一层金属封面，表现出较为丰富的层次变化和质感变化。书籍以蓝色和白色作为主色调，配以极具构成感的金属外壳，表现出理智、内敛的品质，充满科技感和神秘感。

图 6-26　双层结构书籍装帧设计

书籍装帧设计

图 6-27　涂鸦风格书籍装帧设计

图 6-27 赏析：本案例的封面设计采用时尚、前卫的涂鸦风格样式，将不同样式的字体进行大小、粗细、曲直、虚实的变化，再结合不同的色块拼贴，表现出极具个性化的封面效果。

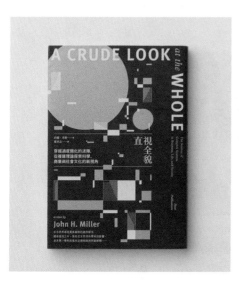
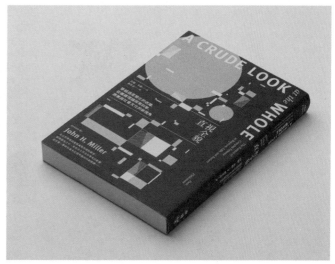

图 6-28 抽象构成手法书籍装帧设计

图 6-28 赏析：本案例的封面设计采用现代构成主义的设计手法，将点线面的抽象视觉元素进行有机组合和搭配，让书籍封面表现出强烈的节奏感和韵律感。同时，采用黑白灰的无彩色系组合作为封面主色调，让书籍封面表现出冷峻、儒雅的效果。

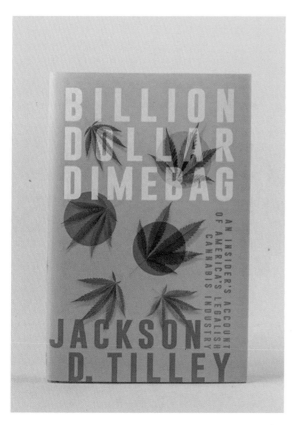

图 6-29 利用色彩心理学的书籍装帧设计

图 6-29 赏析：本案例的封面设计利用了色彩心理学的知识，以粉红色为主调，辅以少量的白色、柠檬黄色和绿色，表现出浪漫、温馨、甜蜜的视觉感受。

图 6-30　手绘插画风格书籍装帧设计

图 6-30 赏析：本案例的书籍封面设计采用手绘插画的设计手法，将一幅手绘插画作为封面底图，再将文字与手绘插画进行有机组合，表现出浓郁的艺术效果和装饰韵味。

图 6-31　民族风书籍装帧设计

图 6-31 赏析：本案例的书籍封面设计采用中国传统的剪纸图案结合隶书书法字体，辅以喜庆、热烈的中国红，表现出浓郁的民族风情和传统韵味。

图 6-32 赏析：本案例的封面设计采用装饰字体与简笔画相结合的形式，字体稚拙，并且排列不均，表现出轻松、随性的效果。简笔画充满童趣，与字体相辅相成，表现出天真、烂漫的视觉效果。

图 6-32　书画型书籍装帧设计

三、学习任务小结

通过本节课的学习，同学们已经能够对书籍装帧设计的优秀案例进行赏析，提高了书籍装帧设计鉴赏能力和创意思维能力。在今后的学习中，大家要以实践应用为目的，做到清晰地表达自己的设计意图和设计理念。课后，需要大家针对本次学习任务所了解的内容进行归纳、总结，完成相关的作业练习。

四、课后作业

收集 20 个优秀的书籍装帧设计案例，制作成 PPT 进行分享。

参考文献

[1] 章瑾，陆海娜，柯文坚 . 书籍装帧设计 [M]. 武汉：华中科技大学出版社，2019.

[2] 肖勇，肖静 . 书籍装帧设计 [M]. 沈阳：辽宁美术出版社，2017.

[3] 尚丽娜，钟尚联 . 书籍装帧设计 [M]. 哈尔滨：哈尔滨工程大学出版社，2017.

[4] 张莉 . 书籍装帧创意与设计 [M].2 版 . 武汉：华中科技大学出版社，2019.

[5] 赵申申 . 书籍装帧设计手册（写给设计师的书）[M]. 北京：清华大学出版社 ,2018.

[6]SendPoints 善本图书 .ART IN BOOK FORM[M]. 广州：SendPoints 善本出版社 ,2018.

[7] 梁晓龙 . 设计师的书籍装帧设计色彩搭配手册 [M]. 北京：清华大学出版 ,2021.

[8] 原弘始，林晶子，平本久美子，等 . 版式设计原理·案例篇 提升版式设计的 64 个技巧 [M]. 李聪，译 . 北京：人民邮电出版社 ,2020.

[9] 王少桢 . 现代书籍装帧设计理论与实践研究 [M]. 江苏：凤凰美术出版社，2020.

[10] 郭书 . 版式设计手册（写给设计师的书）[M]. 北京：清华大学出版社 ,2018.

[11] 雷俊霞 . 书籍设计与印刷工艺 [M].2 版 . 北京：人民邮电出版社 ,2015.

[12] 孙婷 . 书籍装帧设计 [M]. 合肥：安徽美术出版社，2019.